2250. S. d arta

# PHYSIOLOGIE
## DES EAVX MINERALES
### DE VICHY EN
### Bourbonnois.

*REVEVE, CORRIGE'E*
*des fautes de sa premiere*
*Impreßion, & augmentée*
*de nouueau.*

Par CLAVDE MARESCHAL Docteur en
Medecine, de la faculté de
Montpellier.

*Soluitur his iuuenum paßio, vita senum.*

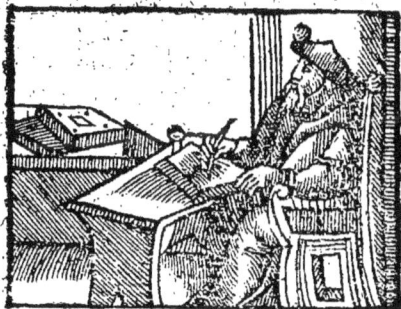

A MOVLINS,
Chez PIERRE VERNOY, au Vase d'or.

M. DC. XLII.

A MONSIEVR,
MONSIEVR LE MARQVIS
D'EFFIAT,
CONSEILLER DV ROY
en ses Conseils, & Lieutenant de
sa Majesté au Païs
d'Auuergne.

MONSIEVR,

Ma temerité d'entrepren-
dre la recherche des causes naturelles
de vos Eaux minerales de Vichy, se-
roit blasmable, & le Traicté trop petit, l'opinion trop nouuelle, & les
conclusions trop peu syllogistiques,
pour estre données au public, sans
l'appuy de vostre Authorité, & gran-

*deur. Mais l'honneur que vous m'a-*
*uez fait l'année derniere, m'appel-*
*lant proche de voftre perfonne, pour*
*vous affifter en la preuue, & l'expe-*
*rience que vous faifiez des effects de*
*ces eaux, pour le bien & reftabliffe-*
*ment de voftre fanté, m'eft un témoi-*
*gnage affeuré de voftre approbation;*
*en confequence de laquelle, ie vous*
*fupplie tres-humblement, Monfieur,*
*de vouloir aggréer cefte Phyfiologie,*
*luy bailler voftre fauf-conduit, &*
*me tenir pour iamais,*

## MONSIEVR,

Voftre tres-humble, tres-obeiſſant,
& tres-honnoré Seruiteur,

C. MARESCHAL.

# AVX
# BEVVEVRS.

MESSIEVRS,
Le mauuais vſage des Eaux minerales, que i'ay veu practiquer l'Année derniere, aux Eaux de Vichy, enſemble la ſollicitation de certains mes amis, m'ont contraint rediger par eſcrit en ce petit Cayer, ces raiſons naturelles, la pluſpart fondées ſur les Preceptes de Galien, pour l'inſtruction de ceux, qui iudicieuſement, & auec proffit s'en voudront ſeruir, & par meſme moyen reprouuer les abus de ceux, leſquels tant pour n'en auoir aucune neceſſité, que pour n'auoir leurs facultez naturelles ſuffiſamment fortes, pour les proffiter, ſont incapables d'aucuns benefices d'icelles. Car ceux-là qui les boiuent par complaiſance, & à la mode, iouyſſans de leur plus parfaite ſanté, ne pouuans s'alterer en mieux, deſtruiſent leurs chaleur, & humidité naturelles, & ſe diſpoſent à maladies, & les autres caducs, & vieillards ià debiles en ladite chaleur, & conſommez en leur humeur radicale, ſe trompent en leur eſperance de ſe renouueller en mieux par ces Eaux minerales. Auſquels neantmoins deſirant bailler la conſolation poſſible, contre toutes leurs infirmitez, & la robe fourrée pour la conſeruation de leur feu naturel, i'ay rapporté de Galien les merueilleuſes vertus du plus ancien, plus experimenté, & plus precieux antidote de toute la Medecine. Que ſi la briefueté du diſ-

cours ne satisfait à voſtre iugement, philoſophans ſur cét Argument, vous l'expliquerez mieux au long, & pardonnerez, s'il vous plaiſt, à celuy qui deſire viure ſous la qualité de

MESSIEVRS,

*Voſtre humble, &*
*obeiſſant Seruiteur,*

C. MARESCHAL.

## Aux Fontaines.

Sources? qui vous cachans ſous les pierres profondes,
Empruntez les eſprits, qui vous font vos reflus,
Qui cuiſants vos ſubſtances, vous donnent les vertus
Des belles qualitez, pour guarir mille mondes?
Ces cauſes ſont cogneuës, hé ne vous cachez plus!
L'eſprit de Mareſchal penetre ſous vos ondes.

# TABLE.

# PHYSIOLOGIE DES EAVX MINERALES DE VICHY EN BOVRBONNOIS.

## CHAPITRE I.

TOVT ainſi que le peché de noſtre premier Pere nous a oſté la lumiere, par laquelle nos ames eſtoient éclairées à la cognoiſſance de leur bien ſpirituel ; le meſme nous a priué de la parfaite cognoiſſance des choſes naturelles, par leſquelles nos corps peuuent ſinon perpetuer leur vie, à tout le moins conſeruer leur premier treſor, qui eſt la ſanté. Et toutesfois, comme la Bonté du Createur par les eaux ſpirituelles du ſainct Bapteſme remet miraculeuſement nos ames en leur ſanté ſpirituelle ; ainſi la meſme Bonté par les eaux minerales, qu'il luy a pleu faire couler en tous les endroits de noſtre France, nous a diſtribué le merueilleux & ſpecifique remede pour la pluſpart de nos infirmitez corporelles ; dequoy tous les

B

François luy doiuent rendre graces, & plus particulierement les habitans de Vichy en Bourbonnois, puis qu'il a fait vn abbregé de toutes
les eaux minerales en leur fonds, & que de toutes les differentes qualitez d'icelles, qu'il a dif-
feremment & particulierement fait fortir en diuers lieux, generalement, & de toutes differences d'icelles, & copieufement en leurs fources,
il a doüé leur territoire; Car s'il a baillé des
fources chaudes à Belleruc, aux Bourbons, &
autres lieux propres à boire, & fe baigner; des
froides à Pougues, Sainct Myon, Sainct Per-
doux, & femblables : il a priué ceux-là des eaux
froides, & ceux-cy des chaudes. Mais en la Par-
roiffe de Vichy, de l'eftenduë de cinq cens pas,
il a donné nombre de fources, toutes lefquelles
font differentes en leurs premieres qualitez
actiues de cinq degrez : Car les bains font fuffifamment chauds, la fontaine quarrée plus temperée en fa chaleur, l'yne des boüillettes tiede,
l'autre temperée en froid, & celle du rocher des
Peres Celeftins fimplement froide. En forte
qu'il n'y a malade fi difficile puiffe-il eftre, qui
ne trouue en ce lieu-là des eaux faciles, & propres aux maladies par ce remede curables, foit
à boire, foit à baigner. Et fi quelque perfonne
plus difficile ne fe peut contenter des froides,
& acides du rocher des Peres Celeftins ; il en

trouuera demie lieuë plus haut, cinq cens pas au
deſſus d'Auteribe, le long de la riuiere d'Alier,
qui ſont froides & acides en perfection, où il
verra auec ſubiet d'admiration, comme la ſource liant enſemble le ſablon, s'eſt faite vn baſſin
merueilleux, au bas duquel boüillonne en diuers endroits ceſte meſme ſource. On voit auſſi
en meſme endroit dans la riuiere d'Alier du coſté d'Orient boüillonner d'autres ſources chaudes, leſquelles il y a trente ans n'eſtoient cou-
uertes de la riuiere. Vn peu plus haut du coſté
d'Occident de ladite riuiere, & au long d'vn
grand chemin ſe rencontrent auſſi d'autres
ſources minerales, mais le beſtail qui paſquia-
ge en ces lieux, auide de ces eaux pour leur ſa-
ueur ſalée, les ſoüille, & rend inutiles. Bref toute la coſte correſpondante aux montaignes du
coſté d'Orient, où ſe trouue abondamment
certaine pierre argilleuſe, eſt abbreuuée de
ſources plus ou moins minerales.

B ij

## COMMODITE' DV LIEV
### pour l'vsage des eaux plus qu'en
### tout autre.

## CHAPITRE II.

I'AY dé-ja dit combien Vichy a de sources
differentes en froid & chaleur, mais ie n'ay
encores fait entendre la commodité du lieu
pour les malades, laquelle librement ie peux af-
feurer nonpareille, au reste de la France, tant
de la part du territoire, & des villes circonuoi-
fines, que de la part des habitans d'icelles. Car
quant au territoire, c'eft vn pays plain, fec, éloi-
gné de montaignes, parfaitement bien aëré,
foufflé de tous les vents, fur la riuiere d'Alier,
fur le grand chemin d'Auuergne, fertile en tous
grains, entouré de bons vignobles, abondant
en fruicts, propre à toutes chaffes, & toutes
pefches, commode à recouurer toutes necefli-
tez des malades, tant aliments que remedes.
Deux villes Cuffet & Vichy, font tellement
voifines, que de l'vne & de l'autre tous les iours
les malades s'y tranfportent à pied fec & plain
chemin, en tout temps, foit pour boire, foit pour
fe baigner. Combien que le Roy aye fait con-

ſtruire ſur le lieu des baſtimens pour la commodité des bains. Mais ce qui eſt de plus aggreable aux malades, ſont les habitans deſdites villes, leſquels ſont fort ſociables & courtois, qui
s'éuertuent à l'enuie de les bien loger, & faire
ſeruir.

---

*POVRQVOY CES EAVX*
*iuſques à preſent n'ont eſté*
*frequentées.*

## CHAPITRE III.

TRois choſes pour l'ordinaire ſont cauſes
que les eaux minerales ſont frequentées,
le bon ſuccez au reſtabliſſement de la ſanté de
ceux, leſquels s'en ſeruent bien à propos,
leurs vertus, & proprietez diuulguées par les
Docteurs Medecins fameux, & accreditez aux
lieux les plus éloignez, & l'eſtime de leur va-
leur entre ceux du païs. Or il eſt vray que cy-
deuant ces fontaines n'eſtans proprement con-
ſtruites, les perſonnes de remarque qui s'aſſi-
ſtent de conſeil en l'vſage deſdites eaux, n'ont
pû s'en ſeruir facilement; ains ſe ſont portez
aux plus propres, & plus renommées, delaiſſans
celles-cy au petit peuple plus neceſſiteux, qui

sans conduite s'en seruoit mal à propos, & partant le plus souuent sans profit. Toutesfois la principale cause, à mon aduis, sont les Medecins qui ont eu la direction & intendance des eaux minerales d'Auuergne, & Bourbonnois, lesquels habitans à Clermont, & Moulins, ont donné le credit aux eaux qui sont plus proches de leurs villes, preferans leur commodité a celle de plusieurs malades, qu'ils ont conduit d'ordinaire aux lieux difficiles, mal propres, & aërez, boüeux & marescageux, ausquels se trouuent seulement des eaux chaudes ou froides, necessitans apres ainsi les malades à se transporter auec grande peine des eaux potables froides aux bains, & des bains ausdites eaux froides, parce que ces lieux n'ont diuerses sources froides & chaudes comme Vichy. Les habitans duquel n'ont pû s'imaginer que la frequentation de leurs eaux leur fust proffitable, iusques à present que la mode a rendu generalement parmy toute la France les eaux minerales propres à toutes maladies passées, presentes, & futures : en sorte que ceux qui n'en veulent boire, sont reputez pour mal sensez & ignorans : mais plustost les ont tousiours souillées, mesprisées, mesmes mocqué, & renuoyé les malades, de crainte de receuoir à ce subiet quelques incommoditez en leurs iardins, vergiers, vignes, & maisons.

# DE QVELLES MATIERES
## *elles empruntent leurs qualitez.*

### CHAPITRE IV.

IVSQVES à ce temps les plus iudicieux Philosophes, & Physiologiciens se sont trouuez bien empeschez en la recherche de la cause des eaux minerales. Car certains par euaporations, calcinations, & lotions ont tasché de descouurir la nature des mineraux de leur miniere ; d'autres par leurs effects, couleur, saueur, odeur en ont voulu donner leur iugement ; mais finalement tous sont contraints d'aduoüer qu'il est impossible de resoudre ceste question, & que veritablement ainsi que dessus nous, le Createur dans les meteores ignées, & aqueux, produit iournellement des effects merueilleux ; de mesme dessous nous, dans les entrailles de la terre il en produit hors de nostre comprehension, principalement en la nature de ces eaux, lesquelles sont de tant plus admirables, que sans feu sensible, alterées & reschauffées, elles boüillonnent en leurs sources, & sans presence d'aucune mine minerale elles rendent des effects d'icelle. l'ay dit sans presence de mineraux,

d'autant que ie ne puis comprendre que les mines de calcanthum, alum, foulfre, bitume, fel
nitre fuffent fi rares en noftre France, puifque
plufieurs Prouinces d'icelle ont des eaux lefquelles participent de leurs qualitez. Et ie crois
fermement que fi ces eaux paffoient par les mines d'iceux, elles pourroient quelques fois auffi
bien trainer fur terre quelques parties d'iceux
mineraux, comme elles apportent les matieres
groffieres, limonneufes, & pierreufes des lieux
où elles paffent. Mais ce qui me fait plus de difficulté, c'eft la diuerfité defdits mineraux, def-
quels fi les eaux participoient, il faudroit neceffairement que leurs mines fuffent meflées, ou
fort voifines, & toutesfois leurs qualitez font
aucunement contraires. Ce n'eft donc mon opinion, que ces eaux empruntent leurs qualitez
d'aucuns mineraux, ains feulement d'vne pierre
argilleufe, laquelle neantmoins reffemblant à
certain mélange de metaux, fait diuerfes couches de longue eftenduë entre deux terres dans
les montaignes de Vernet, Sainct Amant, &
Choffain, au deffus & proche de Vichy, defquelles certaines & plus baffes & profondes
eftenduës, iufques aux plus bas lieux de ces
quartiers, fe terminent le long du riuage d'A-
lier & dans iceluy. Si bien que les fources des
eaux au deffous enclofes, cherchans leur fortie,
                                        font

font contraintes s'écouler fous icelles iufques à leur defaut, d'où finalement elles fe produifent fur la terre, ayans de ladite pierre argilleufe, par leur longue traite, emprunté les qualitez & matieres qu'elles portent, & non d'autre mineral.

La preuue de mon opinion fe fait par plufieurs raifons. La premiere eft, que les montaignes fufdites voifines, defquelles s'écoulent ces eaux du cofté d'Orient, font terminées par rochers extrememement froids & durs, auffi ont-elles leurs fources qui fluent dans la riuiere de Chiffon extrememement dures & froides; mais du cofté de Nuict, & tirant contre Alier, & Vichy, toutes ces montaignes font terminées, & entre-couppées de ladite pierre argilleufe, & ont grand nombre de fontaines, toutes lefquelles indifferemment minerales, & autres de mefme nature propres à boire engendrent la pierre & le limon, ainfi que les minerales, dont il eft queftion, la font par les lieux où elles s'écoulent, mefmes que tous les puits du territoire de Vichy, à caufe de ladite pierre argilleufe, en laquelle ils font creufez, ne font propres à boire, & tiennent des mineraux, ou pluftoft des qualitez de ladite pierre argilleufe.

La feconde raifon eft, que tout ainfi que deffus les fontaines minerales il furnage vne matiere qui femble graiffe, & daquelle plufieurs

C

croyent eſtre bitume, qui neantmoins ſeiour-
nant à l'air ſans agitation, s'endurcit, & petrifie
ſans aucun gouſt ny odeur que pierre; la meſme
graiſſe en moindre quantité toutefois s'amaſſe,
& s'endurcit ſur toutes les eaux des ſources
froides propres au boire ordinaire, qui coulent,
comme dit eſt, de ces montaignes, ſur la meſme
pierre argilleuſe.

La troiſieſme raiſon eſt, que faiſant rompre
dans la terre aſſez profond, à coups de marteaux
& ciſeaux ladite pierre argilleuſe, elle rend la
meſme odeur que ces eaux; de ſorte que pluſieurs perſonnes n'en ont pû ſouffrir l'odeur.

Et de plus ladite pierre eſtant pulueriſée, la-
uée, l'eau coulée, & miſe ſur le feu, fait le ſel au
premier boüillon, ainſi que l'eau de ces fontaines.

---

## POVRQVOY LES VNES FROIDES, autres tiedes, & les autres chaudes.

### CHAPITRE V.

IL eſt certain que des entrailles de la terre par
la merueilleuſe & ſpeciale vertu du Soleil s'é-
leuent continuellement des vapeurs & exhalations, leſquelles facilement s'éuaporent &

s'exhalent infenfiblement, pourueu qu'il ne fe
rencontre en leur chemin dans icelle aucun
corps efpois, & non poreux, auquel cas lefdites
fumées font contraintes de cercher leur fortie
vers le defaut defdits corps, & felon le rencontre des eaux, qui d'autre part cerchent femblablement leur fortie, fe meflans fous iceux, cuifent parfaitement ces eaux, & produifent des
fources chaudes & bouïllantes, telles que font
celles des bains de Vichy, lefquelles fortent de
deffous cerraine pierre argilleufe, femblable en
couleur & confiftence à metail, & toutesfois
different en chaleur, proportionnément aux
parties froides terreftres, ou rochers d'autre nature qu'elles ont à trauerfer defpuis leur fortie
de deffous ladite pierre argilleufe, iufques à leur
faillie fur terre. Mais comme dans lefdites montaignes la fufdite pierre argilleufe eft fi abondante, qu'elle fait diuerfes couches entremélées
d'autres couches de terre commune, lefquelles
toutesfois s'eftendent de toute la largeur defdites montaignes, voire beaucoilp au delà, paffans
fous la riuiere d'Alier, i'eftime que les fources
fufdites de rencontre au deffous de la plus baffe
couche, reçoiuent feules lefdites fumées, auffi
font elles feules actuellement chaudes; car celles qui coulent entre deux argilles priuées defdites fumées coulent froides, & peu cuites, &

n'ont autre chaleur actuelle ou virtuelle que
des vapeurs & exhalations, qui s'éleuent des
premieres & plus basses couches de ceste pierre
argilleuse, aussi sont-elles de peu d'effect : mais
les froides qui sont cuites, & contiennent virtuellement les bonnes qualitez des eaux minerales, perdent leur chaleur actuelle en la longueur de leur traite passans au trauers des rochers, ou autres corps de nature froide, leur
virtuelle demeurant : ou si elles sont vn peu copieuses en leurs sources, & plus voisines de
leurs fonds, elles conseruent vn peu de leur
chaleur actuelle, & coulent tiedes.

---

## COMMENT CES EAVX MINERALES
### sont eschauffées.

## CHAPITRE VI.

**P**OVR plus facile intelligence du Chapitre
precedent, ie dis que tout ainsi que l'actiuité
du feu est augmentée par deux moyens, sçauoir
par la contrainte, comme au feu de reuerbere,
& par l'agitation, ou plustost nourriture de la
flamme par le souffle continuel, comme au feu
des forgerons & émailleurs : de mesme façon,
les fumées chaudes qui montent des entrailles

de la terre, contraintes & retenuës fous noftre
pierre argilleufe, & fuiuies continuellement de
nouuelles fumées, lefquelles redoublent & impriment plus fortement leur chaleur dans ces
eaux fous ladite pierre enclofes, auant que la
chaleur introduite par les premieres fumées
foit aucunement diffipée, font plus que fuffifantes à les cuire, & refchauffer iufques au degré
de chaleur qu'elles remportent auec elles. Ainfi:

*Quand la terre a de froid fa furface crouftée,*
*Des efprits foufterreins l'eau de fource eft*
*chauffée.*

Cela fe manifefte fenfiblement en la deftila-
tion commune, en laquelle les fumées qui
montent des fimples contenus, & refchauffez
dans le baffin de l'alembic, ne font fuffifantes à
refchauffer les mains expofées au deffus, le chapiteau eftant ofté, lefquelles neantmoins ledit
chapiteau remis, contraintes & conferuées font
renduës fi chaudes, qu'il eft impoffible d'ex-
pofer & tenir le doigt au bec dudit chapiteau,
& fortie des mefmes fumées fans fe brufler.
Cela fe manifefte auffi fort clairement en la
coadunation de la lumiere d'vn miroir ardent;
car fi vne glace ronde & plaine, partagée en
huict parties égales, defquelles celle du milieu
foit marquée *A.* & des fept qui l'enuironnent,
marquées *B. C. D. E. F. G. H.* eft droictement

C iij

opposée aux rayons du Soleil, elle produit par sa lumiere vn degré de chaleur à chaque partie de la matiere postposée auffi également, semblablement partagée, & correspondente à chacune de ses parties; & ce seul degré de chaleur n'est sensible. Mais si la glace ronde, & faisant vne mediocre bosse, est opposée aux rayons Solaires, les huict degrez de chaleur seront comproduits en vne seule partie des huict de la matiere postposée, & ces huict degrez de chaleur reünis sont capables de brusler : Car la lumiere de la glace *A.* sera directement portée, & produira son degré de chaleur à la matiere *A.* la lumiere de la glace *B.* obliquement receuë des rayons, sera refleschie, obliquement portée, & produira son degré de chaleur à la mesme partie de la matiere *A.* la lumiere de la glace *C.* auffi obliquement receuë des rayons sera refléchie, obliquement portée, & produira son degré de chaleur à la mesme partie de la matiere *A.* & ainsi de *D. E. F. G. H.* de façon que la lumiere des huict parties de la glace sera toute produite en la huictiesme partie de la matiere postposée, en laquelle partant seront comproduits les huict degrez de chaleur attribuez au feu, lequel necessairement y sera introduit par ceste coadunation : Et c'est en ceste maniere que les esprits soufterreins assemblez de toutes parts,& contrains à mesme sortie que ces eaux font reünis, & les réchauffent.

---

## *POVRQVOY BOVILLENT ces eaux.*

## CHAPITRE VII.

DEux causes font éleuer, & boüillir conti-nuellement ces eaux minerales, les esprits qui procedent de la chaleur, tant des fumées susdites, que de nostre pierre argilleuse, & lesdites fumées lesquelles sortent de ces lieux souterreins auec contrainte & impetuosité. Que les esprits qui procedent de la chaleur de ces fumées fassent boüillonner ces sources, voire mémes rejaillir,& sauter à l'air des petites gouttelettes de la superficie de leurs eaux, l'exemple & l'experience se voit tous les iours en l'ébullition qui se fait du vin aux vendanges dans les tonneaux, pendant le temps qu'il se cuit, & purifie : ou selon que ses esprits font agitez & excitez par la chaleur de ladite coction, le vin s'éleue & boüillonne, & rejaillit de mesme façon que ces eaux : & que les fumées tant seiches qu'humides fortans auec resistence & empefchement de ces eaux, les fassent aussi esle-

uer par ondées, selon qu'elles sont reünies, &
multipliées. L'exemple se voit au reflux de la
mer Oceane, en laquelle selon que par les in-
fluences ordinaires, & reiglées des astres, les
vapeurs & exhalations sont excitées, & tirées
du profond de la terre, couuerte hautement de
ceste mer : son eau est éleuée, & desborde iusques à tant que ces fumées soient sorties, &
exhalées au trauers de cét impitoyable element.

## QVE TOVTES CES EAVX
### *minerales dans le fonds de leurs sources*
### *sont actuellement chaudes.*

## CHAPITRE VIII.

CE S T E verité cogneuë par les raisons naturelles cy-deuant escrites, que toutes ces
eaux spontanées sont échauffées, & cuites par
la multiplication, & contrainte des continuelles
fumées chaudes, qui s'éleuent du profond de
la terre: la consequence suit infaillible que dans
le fonds de leurs sources, elles sont toutes actuellement chaudes, & se manifestent telles, si elles
sont copieuses, ou si elles ont leur sortie ouuer-
te droite, & perpendiculaire à leurs fonds : car
celles qui fluent en petite quantité faisant trop
long

long, & oblique chemin fous la terre, ou trauer-
fans les rochers de rencontre, qui auoifinent la
furface d'icelle, perdent cefte chaleur actuelle :
Et bien plus, fi leurs referuoirs & baffins font
de trop ample capacité , quoy que chaudes
actuellement en leur fortie dans ces referuoirs,
ces eaux s'éuaporent & fe refroidiffent de la forte qu'elles femblent eftre actuellement froides:
ainfi que l'experience le monftre en la fontaine
Ouale, qui eft à deux cens pas des bains.

---

## COMMENT CES EAVX PRENNENT
### le gouft, & l'odeur des mineraux.

## CHAPITRE IX.

PVISQVE la chaleur des eaux minerales,
comme a efté dit, procede des fumées fou-
fterriennes enclofes dans le profond de la terre fous des corps efpois, fous lefquels meflées
auec ces eaux, elles les cuifent & attenüent,
& n'ayans leur liberté de diuers endroits, font
contraintes à mefme fortie, ainfi qu'en l'alembic, les exhalations fumées feiches, & les vapeurs fumées humides refroidies, incraffées, &
conuerties en eau fortent par le mefme bec : il
eft facile à raifonner que la difference des qua-

D

litez minerales de ces eaux, procede entierement de la qualité empruntée des corps espois,
sous lesquels, & lesdites exhalations & les eaux
sont contenuës encloses. De sorte , que celles
de Vichy, s'écoulans du dessous ladite pierre argilleuse mixte & foit minerale en remportent
les qualitez. Ce qui leur est de tant plus facile,
que coulans sous icelle, la réchauffant, & lauant
continuellement, elles s'impriment, & s'impre-
gnent de ses qualitez & accidens, voire mesme
se chargent, & remportent quant & elles de ses
matieres, & substances.

---

## POVRQVOY LES EAVX PLVS
*chaudes sont moins acides , les plus froides*
*plus acides, & les temperées proportion-*
*nément à leur chaleur, ou froid.*

### CHAPITRE X.

L'ACIDE estant la premiere des saueurs
froides, & le goust naturellement aqueux;
il est raisonnable que ceste saueur se conserue ,
& manifeste plus sensiblement dans l'humide
froid, que dans celuy qui est chaud. Car tant
plus que le subiect participe des qualitez des
accidens qu'il soustient; de tant plus aussi les

rend-il fenfibles à nos fens. Ainfi les couleurs
font plus vifibles fouftenuës par des fubftances
opaques, que par celles qui font diaphanes ; les
fons par vn air plus pur & fubtil ; les odeurs par
vne fumée plus fubtile & vaporeufe ; la chaleur
eft plus actiue & fenfible en vn corps efpois &
ferré ; & les eaux minerales, bien que toutes
acides generalement, neantmoins cefte faueur
fe manifefte mieux, fouftenuë par les eaux froides, comme eftans fubftances plus conformes
à la conferuation de fa qualité, que par les eaux
actuellement chaudes, aucunement à elle contraires, plus ou moins felon le degré de chaleur.

---

## QVELLES MATIERES CES EAVX
### *trainent quant & foy , & des animaux*
### *qu'elles engendrent.*

## CHAPITRE XI.

PLVSIEVRS fois la curiofité m'a porté à
la confideration des matieres & feces que
ces eaux reiettent, & laiffent en leurs canaux, &
fontaines, aufquelles i'en ay trouué de quatre
differences , bien remarquables auffi à vn
chacun.

La premiere, eft vne matiere craffe, & terreſtre qui ſe petrifie continuellement, en ſorte qu'il la faut rompre auec marteaux, pour em-peſcher que leurs deſchargeoirs n'en ſoient bouſchez, & s'endurcit de ceſte ſorte venant à prendre l'air.

La ſeconde, eſt le ſalpetre, lequel eſt meſlé copieuſement auec la matiere ſuſdite; mais par-ticulierement & plus purement ſe fait, & amaſſe par la vapeur de ces eaux contre les paroits ad-jacents.

La troiſieſme, eſt vne eſpece de limon ver-daſtre & noir, qui ſemble participer du bitume, quoy qu'il n'en tienne rien, & n'eſt autre choſe que les parties plus viſqueuſes, & graiſſes, qui procedent de noſtre pierre argilleuſe : ( car les petites bulles que ce limon enſerre, & conſerue longuement en ſoy, faites par l'air, & les eſprits enclos & retenus teſmoignent ſuffiſamment ſa viſquoſité ) comme la ſeconde en ſont les par-ties ſeiches plus ſubtiles, & la premiere les par-ties ſeiches plus craſſes & terreſtres.

La quatrieſme, ſemble vne graiſſe de diuer-ſes couleurs, qui ſurnage ces eaux, laquelle auſſi pluſieurs ont creu eſtre bitume, & ne l'eſt au-cunement : car ayant demeuré quelque temps expoſée à l'air ſur la ſuperficie de ces eaux ſans agitation, elle ſe congele, & glace en vne eſpe-ce de pierre, laquelle miſe dans le feu ne fait

flamme, fumée ny charbon; battuë en l'eau ne se
destrempe pas, va difficilement à fonds, & mi-
se sur la langue n'a aucun goust ny odeur, ainsi
qu'vne simple pierre commune; & toutesfois
broyée entre les doigts est dure, (friable neantmoins) & de consistence, & naturel de pierre :
la nature de laquelle m'est plus difficile à comprendre, que de tout le reste ; veu que le naturel de la pierre est d'aller au fonds de l'eau, &
celle-cy de soy surnage tousiours : c'est pourquoy ie n'en veux à present dire d'aduantage,
pour en laisser la raison à la recherche des plus
curieux, & subtils Physiologiciens : Mais pour
ne rien obmettre, ie diray que dans ces eaux
s'engendrent & nourrissent plusieurs animaux
imparfaits de differentes especes, entre lesquelles il y en a deux fort remarquables.

Les premiers, sont vers blancs de grosseur &
longueur d'vn gros fer d'aiguillette, ayans vne
queuë de mesme longueur, & sont entierement
semblables à ceux qui s'engendrent ordinairement aux latrines, dans les excrements humains,
& ceux-cy se trouuent en grand nombre dans
le grand boüillon des bains derriere le logis
du Roy.

Les autres, sont especes de sansuës, qui se
nourrissent aussi en quantité quelquesfois dans
les eaux tiedes qui sont du costé d'Orient, à

cent pas deſdits bains. En quoy ſera remarqué
que la generation & nourriture de tous ces animaux dans ces eaux minerales peut ſeruir de
raiſon ſuffiſante à faire cognoiſtre, & croire
qu'elles n'empruntent leur acidité, & autres
qualitez d'aucunes mines ſouſterriennes, autres
que noſtre pierre argilleuſe ; puiſque le vitriol,
ſoulfre, bitume, alum, ſalpetre, & autres mineraux de leur nature empeſchent toute pourri-
ture, & tuent toute ſorte de vermine.

## QVE LES EAVX QVI
*participent moins des mineraux ſont*
*les meilleures.*

### CHAPITRE XII.

D'AVTANT qu'il eſt certain que l'effect de
ces eaux dépend de la tenuité de leurs parties, & que partant il ſuffit que dans les entrailles de la terre elles ſoient cuites & attenuées ſuffiſamment pour obeïr aux facultez naturelles, afin de paſſer promptement, legerement, & copieuſement dans nos corps ; il ap-
pert clairement, que celles qui ſont plus ſim-
ples, & pures de toutes matieres eſtranges, ſont
les meilleures pour les corps mal faits en leur

santé : & par effect, ces eaux estans d'ordinaire
employées à desopiler les visceres inferieurs,
par lesquels elles ont leur cours ; & telles opilations procedans de la crasse & viscosité des humeurs y retenuës ; sans doute de tant plus que
ces eaux contiennent des matieres des mineraux, de tant plus elles sont terrestres, crasses,
grossieres, impures,& dangereuses de laisser de
leur crasse dans lesdites parties, & augmenter
leurs opilations : mais celles qui sont simples,
cuites,& pures de tous mineraux,sont innocen-
tes, plus aggreables à boire, & tres-vtiles au re-
stablissement de la santé.

## QVE CES EAVX NE SONT *proprement purgatiues.*

## CHAPITRE XIII.

LES eaux minerales estans mélangées de diuerses substances, qu'elles ont apporté des
lieux sousterreins,contiennent diuerses formes
desquelles les proprietez estans aussi diuerses,
elles ne peuuent specialement attirer aucun humeur, ny obliger la nature à purgation : car
estans virtuellement chaudes, & desiccatiues,
tant s'en faut qu'elles puissent fermenter, &

agiter les superfluës humeurs contenuës en nos
corps, pour irriter, & obliger la nature à leur ex-
pulsion, que certainement à raison de ces qualitez elles doiuent astraindre, serrer & empescher
toutes euacuations, par les parties où elles sont
receuës : & comme elles n'ont aucune qualité
occulte pour attirer, aussi ne vuident-elles pas
en reserrant par haut, pour exprimer contre le
bas les excremens retenus, non plus qu'elles ne
sont capables de remollir, puis qu'elles sont dé-
siccatiues : mais toute leur vertu purgatiue consiste en la quantité qu'elles sont beuës, au
moyen de laquelle elles dilatent ; & coulans
en abondance, détachent, lauent, & emme-
nent quant & soy toutes superfluitez retenuës,
qu'elles rencontrent dans les parties, par lesquelles elles passent : de façon que si elles ne
sont beuës en suffisante quantité, elles sont retenuës dans les corps sans effect, mais au grand
preiudice de santé.

*COMMENT*

## COMMENT PASSENT CES EAVX
### *par nos corps.*

## CHAPITRE XIV.

CE n'eſt pas, comme a eſté dit, la qualité des mineraux qui rend les eaux potables medicamenteuſes, faciles à paſſer par les viſceres, puiſque la plus part d'iceux ſont deſiccatifs & adſtringens : Mais c'eſt pluſtoſt la cuicte & legereté d'icelles, qui les ſubtiliſe, attenuë, & facilite leur attraction de partie en partie iuſques à l'entiere euacuation ; auſſi de ſoy ne peuuent-elles ſe porter aux meſaraiques, foye, reins, & autres parties, mais comme legeres, & ſubtiles par la vertu attractrice de chacune partie famelique, ſont attirées ſubſidiairement de l'vne à l'autre des parties nutritiues, & comme reconneuës inutiles par l'expulſiue d'icelles, ſont reiettées, & euacuées toutesfois & quantes ces deux facultez en chacune partie de l'œconomie naturelle ſont fortes, & naturellement bien exercées ; autrement elles en demeurent chargées, & pour l'ordinaire alterées & offenſées. Il eſt donc neceſſaire qu'elles ſoient beuës les concoctions paracheuées, afin que les parties

renduës libres de tout aliment, & fameliques, les
attirent plus viſtement , & plus copieuſement ;
mais n'y trouuans dequoy proffiter, elles s'en
dépeſchent auſſi plus viſtement & facilement:
car apres que le ventricule les a receuës, & que
fruſtratoirement il a fait ſes efforts pour en tirer
quelque aliment, s'ouurant par ſon pylore il les
relaſche, & expulſe dans les inteſtins , leſquels
ſemblablement n'y proffitans aucun aliment, les
expulſent par leur mouuement periſtaltique
vers le dos, tandis que le foye par les meſaraiques en tire vne bonne partie , de laquelle auſſi
trompé il ſe deſcharge dans la veine caue, & de
là puiſées par toutes les parties , bien toſt auſſi
par leur expulſiue ſont renuoyées, & par la vertu attractrice des reins , comme ſeroſitez ſuperfluës & inutiles, elles ſont rappellées , deſchargées par les vreteres dans la veſcie, & finalement ſelon la volonté & neceſſité reiettées
auec les vrines.

## QVE L'EAV FROIDE DES
*fontaines, puits, & riuieres beuë en quantité n'eft capable de faire les effects des eaux minerales.*

### CHAPITRE XV.

TOVTES eaux froides & cruës receuës dans le ventricule & les inteftins peuuent de leur poids beuës en quantité defcendre par le ventre, deftremper en quelque façon, & lauer groffierement les excrements qu'elles y rencontrent; non toutesfois les nettoyer de leurs mucofitez, ou autres humeurs groffieres & vifqueufes retenuës contre nature, puifque pures & fimples en leur fubftance elles ne participent aucunes qualitez deterfiues : mais elles font incapables d'aller plus auant par nos corps, d'entrer dans les veines mefaraiques, trauerfer le foye & les reins pour paffer par les vrines : car comme elles font de leur qualité froides & dures, & de leur fubftance groffieres, tant s'en faut qu'elles puiffent ouurir les emboucheures de ces vaiffeaux aboutiffans au long du ventricule & des inteftins, que pluftoft les ferrans

E ij

elles fe ferment l'entrée, & furchargeans les inteftins & ventricule elles remonteroient pluftoft à la bouche, que de les pouuoir ouurir &
trauerfer : & qui eft plus dangereux, beuës fi
copieufement, elles cauferoient par leur froid
des tranchées, & coliques aux inteftins, voire
mefmes fi attirées elles pouuoient aller iufques
au foye, alterans fon temperament elles deftrui-
roient la faculté fanguificatrice, & pourroient
occafionner quelques hydropifies.

## *QVE L'EAV BOVILLIE AV FEV ne peut produire les effets des eaux minerales.*

## CHAPITRE XVI.

COMME naturellement les eaux minerales
medicamenteufes font de foy telles par la
tenuité de leur fubftance, à caufe de la coction
qu'elles reçoiuent fous noftre pierre argilleufe,
par le moyen des continuelles vapeurs & exhalations, fans rien exhaler auparauant leur fortie
fur terre, & que les eaux des riuieres, puits, ou
fontaines communes ne peuuent artificielle-
ment par aucune coction acquerir cefte tenuité, auffi ces eaux froides ne peuuent faire les

effects des minerales. Que cela foit, la raifon & l'experience le monftrent en ce qu'on ne fçau-roit cuire fur le feu l'eau froide, fans que le plus fubtil d'icelle s'éuapore continuellement du-rant la cuitte par l'ouuerture du vaiffeau qui la contient : de forte mefme, que par la trop lon-gue cuitte elle fe peut toute éuaporer:& fi pour conferuer ces parties attenuées par la coction, on bouche exactement ladite ouuerture du vaif-feau, la rarefaction de l'eau fe faifant par la cha-leur, neceffairement fes parties ne pouuans eftre contenuës en leur premier lieu, rom-proient le vaiffeau de peur de penetration, fe verferoient & perdroient pluftoft que de pou-uoir acquerir cefte tenuité de fubftance, requife pour obeir aux facultez naturelles, & produire les effects des eaux minerales.

---

## POVRQVOY CES EAVX NE
### *paffent à certaines perfonnes.*

## CHAPITRE XVII.

APRES auoir pofé pour fondement com-me ces eaux paffent par nos corps, non de leur naturelle faculté, mais par la force de l'at-tractice, & expultrice miniftrantes de la fa-

culté naturelle , il fuit infailliblement que ceux
qui ont leurs parties naturelles bien faines , &
robuftes en leurs facultez n'ont aucune difficulté à les rendre (comme font ieunes perfonnes bien faines) & au contraire, ceux qui les ont
viciées d'intemperies , opilations , & mauuaifes
conformations , ou les ont foibles & debiles ne
les peuuent rendre , & en demeurent empefchez, & plus mal, ou les rendent en partie feulement auec danger, (comme font vieilles perfonnes & caduques, & autres remplies d'obftructions inueterées) fi elles ne font promptement
euacuées par remedes conuenables & hydragoges : Et l'experience monftre cela tous les
iours aux maladies , qui requierent principalement l'vfage de ces eaux : car en celles qui ont
leurs caufes dans les inteftins , comme font les
coliques, dautant que les inteftins ont manqué
en leur expulfiue, eftans en bon eftat, & fe font
laiffez empefcher de quantité de groffieres matieres, qui apres ce caufent leurs maux; ces mémes inteftins eftans empefchez & malades, font
infenfibles auffi bien aux eaux comme aux autres remedes, & ne les defchargent par le ventre, s'ils n'y font aydez par autres remedes, ains
elles font toutes attirées du foye, & paffent toutes par les vrines, de façon que les pauures malades n'en font aucunement foulagez ; & au

contraire, si les maux sont vers les reins, & requierent la descharge de ces eaux par les vrines, pour les mesmes causes & raisons elles ne passent par les vrines, ains par le ventre, & ne seruent iamais aux pauures malades, s'ils n'vsent de remedes conuenables, & propres à les y faire passer.

---

## QVELLES MALADIES DIRECTEMENT
### & infailliblement sont guaries par
### ces eaux.

## CHAPITRE XVIII.

CE s eaux passent abondamment par le ventricule, intestins, vreteres, & vescie, qui sont canaux suffisamment ouuerts, en sorte qu'elles peuuent par leur quantité copieuse détremper, lauer, & emmener quant & soy toutes matieres grossieres, terrestres, gluentes, & visqueuses, qui s'arrestent dans le ventricule, intestins, dans le bassin des reins, dans les vreteres, & la vescie ; & partant directement & infailliblement elles guarissent les maux du ventricule, toutes vrayes coliques, & nephritiques, prouenantes de telles matieres ; non qu'il faille croire qu'elles corrigent l'intemperie chaude,

& ſeiche des reins qui engendrent la pierre;
car leur effect eſt de ſoy contraire à cauſe de
leurs qualitez & matieres minerales; mais en
ce que paſſans en quantité elles dilatent les vreteres, & en deſtachent les matieres craſſes , &
ainſi elles ſuruiennent à l'accident, mais elles
ne corrigent l'indiſpoſition pour l'aduenir.

---

## *QVELLES MALADIES DE SOY,*
### *ou accidentellement ſont guaries par*
### *ces eaux.*

## CHAPITRE XIX.

TOVTES les eaux minerales ſont deſicca-
tiues, & la plus part calefactiues, & partant
de ſoy ſont toutes vtiles aux intemperies froides & humides, mais preiudiciables à toutes intemperies chaudes & ſeiches, & toutes obſtructions des viſceres du ventre inferieur, ſi ce n'eſt
accidentellement , lors que les groſſieres humeurs qui bouchent les vaiſſeaux capillaires
dans le meſentere, foye , & autres viſceres , &
qui ſequemment retardent les autres bonnes
humeurs en leur paſſage , (ſi bien que les viſceres demeurans empeſchez & chargez ſe reſ-
chauffent & cauſent de grands maux ) par ces
eaux

eaux lefdites humeurs groffieres font déta-
chées, lauées, & deftrempées defdits vifceres,
la liberté de paffer procurée aux bonnes humeurs; & ainfi la chaleur defdits vifceres par
l'abfence de cefte fufdite caufe eft attemperée,
& le corps eft remis en fanté.

## COMMENT CES EAVX SERVENT
### *aux opilations de la vefcie, du fiel, de la*
### *rate, & prouoquent les menftruës,*
### *& les hæmorrhoïdes.*

## CHAPITRE XX.

POVR defpefcher les parties des humeurs
groffieres qui les opilent, il eft neceffaire que
les remedes y foient portez par prefence, ou par
leurs fpeciales facultez; Mais comme l'effect
de ces eaux ne defpend d'aucun mineral, ains
feulement de leur cuitte, legereté, & obeïf-
fance aux miniftrantes de la faculté naturelle;
auffi ne procede-il aucunement d'aucune fpe-
cifique faculté, laquelle puiffe agir de quelque
diftance, mais bien de la prefence de leur totale fubftance, laquelle paffant en quantité détrempe, & nettóye les fuperfluitez retenuës
contre nature dans lefdites parties, de façon

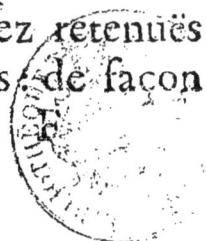

que ces eaux ne paſſans par la veſcie du fiel, ny
par la rate, nõ plus que par les vaiſſeaux ſpermа-
tiques & hemorrhoïdaux, il n'y a raiſon appa-
rente pour croire qu'elles puiſſent aſſeurément
ouurir leurs opilations : car l'attractrice de la
veſcie du fiel n'en attire qué les parties bilieu-
ſes; celle de la rate, que les feculentes & me-
lancholiques, puiſque leurs propres actions ſont
de nettoyer le ſang deſdits excremens, mais par
les vaiſſeaux ſpermatiques ne ſont attirées autres humeurs, que le ſang elabouré, & plus pur
pour la generation de la ſemence, ou ſuiuant
l'ordre de nature bien reglée, s'ouurans relaſ-
chent, & deſchargent le ſang ſuperflu par les
menſtruës, comme les hemorrhoïdaux interieurs deſchargent le ſang groſſier & melan-
cholique de la rate veine porte & meſentere, &
les exterieurs celuy de la veine caue, & du foye.
Partant donc ces eaux ne paſſans par ces parties, elles ne les peuuent deſopiler, & ſi fortui-
tement quelques ieunes perſonnes y trouuent
leur mieux, ce n'eſt que par accident, lors que
les autres viſceres où paſſent ces eaux ſont nettoyées des mauuaiſes humeurs, qui bouchẽt les
extremitez de leurs deſchargeoirs, leſquels ſe
terminent au ventricule & inteſtins, & ſequemment deſchargent, ou diſpoſent mieux ceſdites
parties à leur naturelle deſcharge. Ainſi les

quartenaires sont guaris de leurs fiévres quartes, ayans laué quelque temps & nettoyé leurs
ventricules des humeurs atrabilaires, desquels
leurs rates se deschargent naturellement par le
petit vaisseau dans lesdits ventricules.

---

## QVE LE FLVX DES MENSTRVES
### & des hæmorrhoides n'empeschent l'us
### de ces eaux.

## CHAPITRE XXI.

CO M M E ces descharges se font par la force des facultez naturelles par des parties, au
trauers lesquelles les eaux minerales ne passent
aucunement; aussi ces eaux ne sont capables de
les augmenter, & beaucoup moins les arrester.
Car tout ainsi que ces eaux n'ont aucune vertu
attirante & vrayement purgatiue, ny autre faculté expulsiue, que par leur presence & quantité; aussi ne peuuent-elles reserrer, & empescher telles vacuations, puisqu'elles ne passent
dans les vaisseaux qui seruent à ces purgations
naturelles, & toutesfois si quelques personnes
par la foiblesse de leur expultrice ne sont naturellement purgées, ou quelques autres par la
foiblesse de leur retentrice le font par excez ; il

F ij

peut eſtre que par l'vſage de ces eaux nettoyans
les impuretez du ventricule & des inteſtins, des
meſaraiques & des reins, les vaiſſeaux deferens,
hypogaſtriques & hemorrhoidaux reçoiuent
quelque meilleure diſpoſition , au moyen de
laquelle les humeurs ſoient purifiées , & ſequemment ils exercent plus parfaitement leurs
facultez pour le bien de leurs corps.

*A* ***QVELLES PERSONNES,***
*& quelles maladies nuiſent*
*ces eaux.*

## CHAPITRE XXII.

L'EXPERIENCE fait voir tous les iours
combien les vieillards ja caduques reçoiuent de detriment de leur ſanté par l'vſage de
ces eaux, auſſi bien que ceux qui ont des opilations inueterées en leurs viſceres : car & les vns
& les autres ayans leurs facultez expultrices foibles , malaiſément rendent leſdites eaux, ou ſi
certains vieillards ont eu leurs expultrices fortes , la pluſpart auſſi ont eu leurs retentrices foibles , iuſques à cela qu'apres l'vſage frequent
d'icelles, ils n'ont pû contenir leur vrine, & ont
finy leurs iours auec ceſte cuiſante incommo-

dité ; mais comme l'expultrice a manqué aux
visceres opilez dés long temps,& que par ce defaut se sont formées & faites telles obstructions,
par la foiblesse de la mesme ministrante , ordinairement sont retenuës les eaux, lesquelles de
tant plus refroidissent les visceres opilez, les af-
foiblissant , & les disposant à l'hydropisie, que
plus se portent negligemment les malades aux
remedes propres à desopiler , & roborer leursf-
dits visceres auant l'vsage de ces eaux , ou aux
hydragoges, & diuretiques, lors qu'ayans beu
quelques iours,ils ne les rendent pas,ou les rendent en moindre quantité : Mais ceux qui ont
le foye , ou autre viscere naturellement chaud,
qui sont de temperament bilieux , ou fort me-
lancholique, qui sont subiets aux douleurs de
teste inueterées, & idiopathiques; qui ont le
cerueau naturellement chaud, & foible,ne doiuent à leur detriment faire l'essay de ce remede ; non plus que les catharreux, goutteux , &
asthmatiques, veu que ces eaux sont fort va-
poreuses, & remplissant le cerueau, fournissent
les matieres superfluës, & excrementeuses, lesquelles causent nombre de fascheux accidens.

## RECAPITVLATION DES
*precedentes raisons.*

## CHAPITRE XXIII.

TOvt ce que i'ay cy-deuant déduit des effects de ces eaux minerales, consiste en ce
qu'elles lauent, & nettoyent les visceres du ventre inferieur de leurs impuretez, & partant de
soy elles guarissent la pluspart des maladies, qui
troublent l'œconomie naturelle : car quand à
celles, lesquelles affligent les parties vitales, &
les animales ; celles seules reçoiuent par accident leur changement en mieux, lesquelles par
le vice des naturelles sympathiquement sont
excitées, & entretenuës : & par effect, comme
la premiere concoction est la plus importante,
& la plus abondante en excremens, il est bien
necessaire que le ventricule, intestins, & mesen-
tere, qui sont les visceres, par le moyen & ope-
ration desquels, ladite coction, & la distribution
sont faites, soient souuent nettoyées, autrement
ils restent enchargez de quantité de superfluës
humeurs, lesquels enfin, par leur long sejour,
s'alterent, ou corrompent, & causent le desor-
dre, & sedition que font en nos corps la pluspart

des maladies. C'eſt pourquoy ceux qui ſont ſu-
jets à tels amas & ſuperfluitez, ſont neceſſitez
de recourir pour le moins vne fois l'année à ces
eaux minerales pour s'en nettoyer, & conſeruer
leur ſanté.

---

## QVAND LA PVRGATION EST
*neceſſaire auant l'vſage de*
*ces eaux.*

## CHAPITRE XXIV.

LE s parties qui reçoiuent aſſeurée guariſon
par la boiſſon de ces eaux minerales, ſont le
ventricule, inteſtins, meſaraiques, foye, reins,
vreteres, & la veſcie ; parce que par ces parties
elles ont leur cours ordinaire, & partant ſi les
maladies pour leſquelles elles ſont employées,
ont leur cauſe dans ledit ventricule, inteſtins,
vreteres, & veſcie, parce que ces parties ſont
amplement creuſes, & ouuertes, & dans leſquelles ces eaux paſſent librement, & en quantité ; il n'eſt aucunement neceſſaire d'aucun
purgatif pour leur preparer & faciliter leur
cours. Mais comme à la communication, &
anaſtomoſes des racines des vaiſſeaux de la veine porte auec ceux de la veine caue dans le foye

(qui font fort petits) ces vaiffeaux font fouuent empefchez par matieres craffes & vifqueufes, lefquelles retardent le paffage des bonnes humeurs, & que les reins font auffi fouuent occupez de femblables matieres, tant aux extremitez des vaiffeaux de leurs veines emulgentes, qu'en la fubftance des petites caroncules, ou corps glanduleux d'autre nature que leur parenchyme, aufquels ces extremitez des vaiffeaux fe terminent dans les reins, & au trauers lefquels, les ferofitez de l'vrine font tranfcoulées, auant que s'amaffer au baffin des reins, & prendre ieur chemin dans les vreteres ; fi les maladies font dans le foye, ou dans les reins, il eft abfolument neceffaire par frequentes decoctions aperitiues, & purgatiues, premierement les defopiler, ou difpofer aufdites eaux, pour faciliter leur cours, auffi bien que lors & quantes les obftructions occupent les mefaraiques : mais plus particulierement fi elles occupent les glandules du mefentere, le meat choledoque, ou les petits vaiffeaux par lefquels la vefcie du fiel attire la bile du foye, fi elles empefchent la rate, fi elles bouchent les vaiffeaux fpermatiques, la matrice, ou les veines hemorrhoidales.

*SI ON*

## SI ON DOIT BOIRE DES
*chaudes, ou des froides.*

### CHAPITRE XXV.

CEs eaux actuellement chaudes font auffi
accidentellement telles par deux caufes :
Car quand à la fimple qualité elles l'empruntent des fufdites exhalations & vapeurs, lefquelles les cuifent en quelque façon, comme
eft l'eau boüillie deuant le feu ; mais c'eft plus
parfaitement, fans aucune éuaporation, & fans
y imprimer aucun empyreume, ainfi que chacun par le gouft peut recognoiftre s'il en met
dans la bouche venant de leurs fontaines toutes
chaudes, ou apres les auoir gardé quinze iours
déja refroidies ; Ce que l'experience monftre
contraire aux eaux tirées par violence du feu,
lefquelles reçoiuent & gardent l'ignition, &
empyreume les années entieres. Elles font encores chaudes en leurs effects, à caufe des matieres qu'elles contiennent, emportées quant &
foy de noftre pierre argilleufe : Mais celles qui
font froides actuellement comme cuittes par
lefdites fumées, & participans les mefmes matieres, & les efprits defdites fumées, font neant-

G

moins virtuellement chaudes, & partant peu
differentes quant aux effects de chaleur : car la
chaleur actuelle des vnes, auant qu'elles paſſent
plus loing que la bouche, œſophague & ventricule eſt remiſe au degré de chaleur conuena-
ble, & familier audit ventricule, comme la froide actuellement par leſdites parties eſt reſ-
chauffée preſque iuſques au meſme degré con-
uenable, & familier audit ventricule, auant
qu'elle deſcende plus bas : De ſorte que ſon
froid actuel n'eſt capable de rafraiſchir autre
viſcere que ledit ventricule, non plus que la
chaleur des autres de reſchauffer les autres viſceres, comme le foye poſé ſur ledit ventricule,
remply deſdites eaux, ſi ce n'eſt que le foye ou
autre viſcere voiſin ſoit de temperamét chaud,
auquel cas les froides meſmes ſont contraires.
Mais ſi la chaleur des viſceres procede des obſtructions, auſſi bien les chaudes que les froides,
voire plus facilement deſtremperont, laueront,
& emmeneront quant & ſoy les humeurs, &
matieres craſſes, terreſtres, & viſqueuſes, qui
cauſent telles opilations, puiſque leur chaleur
n'eſt excedente, qu'elles n'ont aucun empyreume, & que les vnes & les autres ſont cuittes, & contiennent des eſprits, & des matieres
de noſtre argille, en vertu deſquelles elles peuuent exciter de la chaleur. Il n'y a donc que le

feul ventricule, lequel puiffe notablement eftre rafraifchy par les eaux minerales actuellement froides, lequel neantmoins comme membraneux eft offenfé, & affoibly par le froid actuel de ces eaux, & fon action principale aydée par la chaleur actuelle des chaudes, (comme l'experience me l'a fait voir fouuentesfois) & partant les eaux chaudes minerales font preferables aux froides, en toutes maladies qui requierent l'vfage de ces eaux.

## DE QVELLE SOVRCE ON DOIT *boire des chaudes.*

### CHAPITRE XXVI.

L'EXPERIENCE monftre tous les iours, comme les eaux de là fontaine quarrée, fur la contrefcarpe du foffé de la ville de Vichy, paffent plus facilement que celles du boüillon des bains. Mais la raifon fait cognoiftre, combien les premieres doiuent paffer plus legerement, & beaucoup moins preiudicier à ceux qui en vfent: Car celles des bains trainent quant & foy tant de matieres groffieres, lefquelles fe petrifient continuellement contre les paroits, bords de leur puits, & le long, & dans leurs dé-

chargeoirs ; que ſi pluſieurs fois l'année on n'en
rompoit la pierre, leurs canaux (quoy que bien
ouuerts) ſe rempliroient, & ſeroit difficile les
vuider & nettoyer : Mais la fontaine quarrée
n'engendre que ſi peu de pierre, qu'en cinquante ans elle n'en auroit tant fait, que les
bains en ſix mois, ainſi qu'il ſe voit en ſon baſſin, & deſchargeoir de ſon eau. Ce que conſi-
deré, i'eſtime que iudicieuſement vn chacun ſe
portera à l'vſage de l'eau de ladite fontaine
quarrée, pluſtoſt que de celle des bains : Car
puiſque toutes les eaux minerales au boire ordinaire engendrent la pierre dans les reins, ſans
doute l'vſage de celles qui la font plus abondamment, comme ſont celles deſdits bains, ne
peut qu'il ne ſoit plus preiudiciable à telle diſpoſition des reins, mais encores plus aux viſceres ſubiects aux opilations, & ſcirrhes, leſquels
comme filtres, & couloirs, demeurent chargez,
& empeſchez des matieres groſſieres, les plus
ſubtiles eſtans paſſées.

## QV'ON PEVT MESLER LES EAVX
*chaudes auec les froides.*

## CHAPITRE XXVII.

PVISQVE quant aux effects, ces eaux minerales actuellement chaudes, ou froides
sont semblables, & que la principale difference de leur vsage consiste seulement en la con-
seruation du ventricule, lequel comme membraneux & nerueux a plus de facilité aux chaudes, qu'il n'a pas aux froides ; il me semble que
toutes ieunes personnes, qui ont leur chaleur
naturelle forte, peuuent sans difficulté boire
partie des vnes, & partie des autres en mesmes,
ou diuers iours : Car comme le ventricule par-
fait sa coction, par l'ayde des visceres circonuoi-
sins, si le foye & la rate sont bien disposez,
quant à leur temperament, leur chaleur en-
semble celle que le ventricule reçoit du sang
contenu en la caue, & l'aorte, sont suffisantes à
conseruer la sienne propre, & la defendre de la
qualité actuelle des froides,& par ainsi ceux qui
desirent ce meslange, le peuuent practiquer,
sans aucune difficulté.

## DV TEMPS DE BOIRE
### les eaux.

## CHAPITRE XXVIII.

LA difpofition de l'air chaude, feiche, & fe-
rene rend les eaux plus vtiles, tant de leur
part, que de celle des corps : Car n'eftans alterées, ny accruditées d'aucun meflange des eaux
du Ciel, ny du froid de la terre, elles font plus
legeres, plus cuittes, & obeïffent mieux, &
plus promptement aux facultez, lefquelles auffi
de leur part font plus fortes, & s'exercent plus
parfaitement lors que l'air eft doüé de telles
qualitez : En effect, comme nos corps fuiuent
fa difpofition, au fubiet qu'il fournit la plus fubtile matiere pour la generation des efprits prin-
cipaux organes pour les fonctions du corps, non
feulement par la refpiration, mais encores par la
tranfpiration, il les nourrit, & entretient. Comme nous voyons qu'aux lieux aufquels l'air eft
plus pur, & plus fubtil, ordinairement les perfonnes font plus faines, & exercent plus fortement toutes les fonctions qui dépendent de la
faculté naturelle, par le feul moyen & opera-
tion de laquelle ces eaux paffent par nos corps.

De façon que, l'Esté, & l'Automne seront plus propres que les autres saisons, pourueu qu'elles ne soyent peruerties de leur naturelle constitution, auquel cas on les peut, & doit intermettre, si les maladies le permettent, iusques à ce qu'elles soient remises en leur belle constitution,& pareillement,si pendant l'vsage de ces eaux, l'air se trouble , & rend quelques iours pluuieux, & froids; dautant que, durant ceste inconstance, elles ne passent facilement, on les doit intermettre pour vn iour, voire deux, plustost que de les boire,& ne les rendre pas.

## EN QVEL LIEV ON LES
### *doit boire.*

## CHAPITRE XXIX.

PLVSIEVRS raisons obligent les infirmes à se transporter sur les lieux où naissent ces eaux, pour les boire auec plus de proffit de leur santé : Car comme la pluspart sont affligez de longues maladies , le changement d'habitation pour quelques iours de beau temps en vn lieu aggreable,comme Vichy, peut seul rapporter souuentesfois quelque bon changement,autant voire beaucoup plus vtile que la boisson desdites eaux, lefquelles auffi bien que les cuittes, fe remettent en leur premiere nature, fi elles font tranfportées, & gardées, fi elles approchent, ou féjournent en quelque lieu froid, ou fi elles ont communication à l'air, au moyen dequoy elles s'éuaporent, & reftent feulement les plus cruës, & groffieres parties, qui font pefantes, & fans effect. Ces eaux encore, de la part des corps infirmes, requierent la liberté, & tranquillité d'efprit, laquelle ne peuuent auoir les malades en leurs maifons, où d'ordinaire les affaires, & le traquas du mefnage les impatientent : & fur les lieux, le diuertiffement d'iceux par l'entretien des compaignies, leur permet l'vfage auec plus de proffit. Elles requierent auffi le reueil de la chaleur naturelle, par le moyen de laquelle les fonctions du corps font exercées, & partant l'exercice qui fe fait allant aux fontaines le matin auant que boire, eft beaucoup fructueux pour faciliter leur décharge promptement.

QVON

## QV'ON NE DOIT CHAVFFER
### ces eaux minerales portées au loing.

## CHAPITRE XXX.

I'AY fouuent ouy dire, que certains malades voulans vfer des eaux minerales apportées de loing, les faifoient chauffer, efperans augmenter, ou remettre leurs vertus. Mais i'ay toufiours reprouué cela, dautant que mifes fur le feu, les parties plus attenuées & fubtiles, au moyen defquelles ces eaux font leurs effects, s'éuaporent, & ne reftent que les groffieres, & terreftres. Car bien que ces eaux actuellement chaudes, foient plus faciles au ventricule qui les reçoit, que les froides; fi ne faut-il efperer que la chaleur d'vn bain marie les puiffe remettre en la qualité & reuriré, qu'elles auoient acquifes dans les lieux foufterreins; dautant que pour lors eftant enclofes fous ces lieux, rien ne pouuoit s'exhaler de leur fubftance : mais expofées à l'air, le plus fubtil s'éuapore, & ne reftent que les parties plus groffieres. Auffi ces eaux font fi parfaitement & fubtilement cuittes, que fi les bouteilles dans lefquelles on les tranfporte, ne font

H

bien bouchées, leur vertu ſe perd auec les parties rarefiées, & les parties ſuperieures deſdites bouteilles, comme plus ſubtiles, participent
peu de leur vertu; mais celles qui ſont au fonds,
n'en retiennent preſque rien.

## A QVELLE HEVRE ON
### doit boire.

## CHAPITRE XXXI.

IL n'y a temps plus commode à boire ces
eaux minerales, que la matinée, pour autant
que la nuict precedente, durant le ſommeil, la
faculté naturelle a cuit à perfection, diſtribué
entierement, & nourry ſuffiſamment toutes les
parties, en ſorte, qu'apres le réueil, la pluſpart
des excremens ſont appreſtez à l'éuacuation,
& tout le corps conſecutiuement rendu libre,
& diſpoſé pour icelles. Et comme depuis l'aurore, iuſques au Soleil leué, la fraiſcheur de la
terre conſtipe les pores, & les vapeurs craſſes,
qui s'éleuent, nuiſent aux eſprits; ſans doute,
le Soleil s'eſtant éleué deſſus noſtre horiſon, ces
accidens ſont diſſipez, & les corps mieux faicts,
& diſpoſez à l'exercice de toutes leurs fonctions. Et c'eſt l'heure que les malades excitez,

& illuminez de ce bel astre viuifiant, doiuent auec allegresse, sous l'esperance de recouurer leur santé, commencer à boire courageusement sans s'arrester au goust : ains se confians au conseil de leurs Medecins, les doiuent boire comme liqueurs plus aggreables, autrement leur estomach les refuseroit ; & ainsi les parties qui ont besoin de leur visite, en resteroient priuées, & trauaillées de leur mal.

## COMMENT IL FAVT
### boire.

## CHAPITRE XXXII.

LEs malades ayans fait mediocre exercice à la pourmenade, selon leur possible, munis d'vn verre, ou autre vaisseau propre, & de pareille capacité à celuy duquel ils se seruent en leurs repas ordinaires, & venus à la fontaine de laquelle ils sont conseillez de boire, puiseront dans le boüillon d'icelle leur verre, & sans aucune retardation, ny repugnance, boiront à l'aise ce premier verre, lequel en mesme temps, ou peu d'interualle, ils reïtereront d'vn second ou troisiesme, (si tant est qu'ils y ayent de la facilité) & apres mettront en leur bouche vn peu

H ij

d'anis, fenoüil, canélle, efcorce de citron, ou
femblables aromatiques, & roboratifs propres
à leur eſtomach, ou autres parties incommo-
dées, puis ſe pourmeneront vn peu, afin de
bailler temps au ventricule de les deſcharger, &
ce faict, en reuiendront prendre deux, ou trois
autres, en meſme façon, & ainſi continuëront
à meſmes interualles de temps leſdits verres en
prenant plus ou moins à la fois, ſelon la facilité,
& tolerance de leurs ventricules, iuſques à la
quantité qui leur eſt neceſſaire; puis ayans pa-
racheué de boire pour ce iour là, continuëront
en lieux propres leurs pourmenades ſans violence, de peur de les rendre par l'habitude,
pluſtoſt que par les vrines. Mais ils remarqueront de leur poſſible, ſi par le ventre, & les vrines, ils les rendent entierement, ſi bien que leurs
corps n'en reſtent incommodez.

## LA QVANTITE' QV'IL
### faut boire.

## CHAPITRE XXXIII.

TOVTES les fonctions de la faculté naturelle ſont executées par ſes miniſtrantes,
qui ſont l'attractrice, retentrice, coctrice, & ex-

pultrice felon la bonne difpofition des organes,
& parties du corps. Mais entre ces quatre, la
premiere, & la derniere font feules employées
vtilement en l'vfage de ces eaux, fi bien que
tout ainfi que la premiere les attire de partie en
partie, de mefme, c'eft à la derniere à les eua-
cuer. Et comme l'indigence continuelle des
parties oblige celle-là à les attirer, faute de
meilleur fuc, celle-cy eft inuitée à les expul-
fer, comme inutiles, par l'acrimonie, tenfion, ou
pefanteur des mefmes eaux ; en forte que fi
elles font tirées, & reiettées facilement, & fans
féjour : elles font renduës fur la fin prefque en
mefme couleur, & confiftence qu'on les a
beuës. Ce qui doit contenter, & fatisfaire ceux
qui les boiuent, fans aller à quantité plus grande, de peur de violenter la bonne difpofition de
ces facultez, & alterer la fanté des parties. Mais
à ceux qui ont des indifpofitions inueterées en
leurs vifceres, au fubiet de la foibleffe de leur
expultrice, lors que l'acrimonie de ces eaux
n'eft fuffifante pour l'irriter, la tenfion & pefanteur par la quantité de ces eaux neceffite
quelquefois l'expulfiue à faire fon effort, & les
vuider, & pour lors, fi ce font ieunes perfonnes
qui par la furcharge d'vne grande quantité,
ayent opiniaftré l'vfage quelques iours, enfin
font defchargez, & vuidez fi abondamment,

qu'apres ce , non feulement ils les rendent
mieux , mais encores ils font defpefchez des
groffieres humeurs, lefquelles opiloient leurs
vifceres, & en retardoient les fonctions : & à
ceux-cy , il eft impoffible de prefcrire certainement la quantité qui leur eft neceffaire. De
façon qu'ils s'en doiuent rapporter à leurs Medecins, lefquels felon les qualitez de leurs maux
& la tolerance de leurs ventricules, & autres vifceres , iugeront , & confeilleront la quantité
qu'ils cognoiftront eftre neceffaire. C'eft donc
fuperflu, & preiudiciable à ceux qui rendent
douze verres auec facilité, en forte que les derniers fortent feuls, clairs, & fans méflange d'excremens, d'en boire vingt, vingt-cinq, ou cinquante, (ce que i'ay veu) ainfi qu'il eft expe-
dient à perfonnes ieunes , courageufes, & lefquelles n'y ont aucune difficulté de la part de
leur ventricule, d'en boire vingt, voire trente
verres, afin d'irriter par telle quantité leur expulfiue affoiblie des obftructions inueterées,
autrement ils n'en receuroient aucun foula-
gement.

## COMBIEN DE IOVRS ON
### *doit boire.*

## CHAPITRE XXXIV.

LEs maladies, & la difficulté de rendre ces eaux minerales, seruent de regle à mesurer les iours qu'on s'en doit seruir. Car à ceux qui les rendent à l'abord, & qui ont leurs maladies dans le ventricule, intestins, vreteres & vescie, qui sont parties d'ample cauité, & capacité, au trauers lesquelles ces eaux passent en quantité, sept ou huict iours souuent sont suffisans à les nettoyer des humeurs crasses, terrestres, & visqueuses qui les affligent, sans en vser plus long-temps, de crainte de les indisposer autrement. De façon que si les malades remarquent qu'ils les ayent renduës trois ou quatre iours durans, toutes claires, comme ils les ont beuës, sans aucun meslange d'excremens en leurs dernieres vacuations, ils se peuuent asseurer d'auoir suffisamment laué leurs parties pour ce temps-là, & les peuuent quitter. Mais ceux qui ont des grandes & difficiles opilations, ou qui rendent mal les eaux, ont besoin d'en vser, non seulement plusieurs iours, mais plusieurs semaines :

afin que les continuans ils deſtachent auec le temps les humeurs infiltrées aux viſceres, & remettent en bon eſtat leur temperament alteré.

---

DE QVELS REMEDES ON SE *peut ſeruir à faire chemin aux eaux, quand elles ne vuident pas*

CHAPITRE XXXV.

C E V X qui boiuent les eaux minerales ſeroient mal ſenſez de les vouloir rendre par l'habitude, veu que cela reſoudroit, & diſſiperoit leurs forces, & leurs eſprits, & ſeroit inutile pour l'euacuation des matieres groſſieres amaſſées au ventre inferieur, qui cauſent les maladies, auſquelles ſeulement elles ſont proffitables. Il faut donc les rendre par conduits plus amples, plus ouuerts, & propres à l'euacuation de telles matieres, qui ſont deux ſeulement; ſçauoir, le ventre, & la veſſie; ce que ne ſuccedant à propos, & ſuiuant l'ordre de nature bien conſtituée, & bien operante, par l'ayde de quelques remedes faciles, & benings, donner le cours à ces eaux par les vrines, ou par le ventre, afin de les employer plus vtilement aux maladies.

ladies. Si doncques il eſt neceſſaire qu'elles
vuident par les vrines ; les Medecins ayans déja fait chemin par les purgatifs, & diuretiques
auant l'vſage, pourront en l'vſage d'icelles les
ayder auec deux ou trois onces d'huile d'aman-
dres douces tirées ſans feu, & vne dragme de
ſuccre candit en poudre meſlée enſemble, ou
bien qui eſt plus facile, meſleront vne dragme
de cryſtal de tartre blanc, miſe en poudre dans
vn mortier de marbre, ou de bois, auec les premiers verres qu'ils boiront deſdites eaux, ou mé-
me dans vn verre de vin blanc. Mais s'il eſt plus
vtile qu'elles coulent par le ventre, vne dragme
de bon mechoacam, ou de jalap en poudre, prin-
ſe de meſme façon dans les premiers verres, eſt
ſuffiſante ; ſans trauailler le ventricule par aucun
remede chymique, tel qu'eſt le cryſtal mineral,
lequel veritablement par ſes preparations ac-
quiert vne grande tenuité des parties, pour ſeruir de vehicule, & paſſer ſubtilement par les vrines ; mais comme c'eſt par la force, tant du ſoulfre que du feu, auſſi contient-il de l'ignition, &
empyreume, lequel inſenſiblement reſchauffe,
& altere les parties qui le reçoiuent.

I

## DES ACCIDENS QVI SVRVIENNENT
### en l'vsage de ces eaux.

## CHAPITRE XXXVI.

LEs accidens qui furuiennent en l'vsage de ces eaux, viennent en mefme temps qu'on les boit, ou apres auoir acheué de les boire. Car certains malades eftiment beaucoup auancer, s'ils en boiuent cinq ou fix verres à la fuitte l'vn de l'autre ; mais la quantité exceffiue prinfe trop à coup, eftendant outre fon ordinaire, le ventricule, qui les reçoit, le contraint par telle diftenfion defmefurée, de fe renuerfer pour s'en defcharger par la bouche plus promptement. Ce que toutefois on peut éuiter, fi on les boit en moindre quantité, & qu'on ne recharge le ventricule, auant qu'il aye defchargé par fon pylore ce qu'il a déja receu. Que fi le vomiffement procede, non de telle quantité, ains de la détrempe & deterfion des humeurs corrompuës, qu'il contenoit contre nature, il peut eftre vtile, veu que l'éuacuation en eft plus prompte, que par la fuite de tous les inteftins ; & ce vomiffement n'arriue plus les iours fuiuans. Mais fi tel vomiffement furuient apres auoir acheué

de boire les premiers iours, c'eſt que les eaux ne
ſont diſtribuées, ny attirées des autres parties
debilitées en leurs facultez, à cauſe des opilations; & partant faut auoir recours à autres remedes, & les quitter entierement : ou bien en
boire fort peu chacun iour, pour continuer long
temps, affin que les parties non ſurchargées
s'accouſtument à tel vſage peu à peu auec profit. Que ſi neantmoins les obſtructions des viſceres ſont inueterées, & difficiles, & la foibleſſe
de leurs facultez en tel eſtat, que ces eaux ne
ſoient renduës que bien peu, ou du tout rien :
apres auoir beu les premiers iours, ſuruiennent
douleurs d'eſtomach, parce qu'il demeure em-
peſché, & affoibly ; coliques aux inteſtins par
meſmes raiſons ; fiévres par la putrefaction d'i-
celles ; aſſoupiſſemens, & vertiges, dautant que
le cerueau eſt remply de leurs vapeurs, & ainſi
refroidy ; gouttes, grampes par le refroidiſſe-
ment conſecutif des nerfs; enfleure vniuerſelle,
l'habitude remplie ſans force ſuffiſante à la décharge, à cauſe de l'oppreſſion de la chaleur naturelle, & finalement laſſitude par la meſme oppreſſion : & pour lors les pauures malades ſont
contraints les abandonner, & s'en retourner
plus malades que deuant.

## REGIME GENERAL EN
### *l'vsage des eaux minerales.*

## CHAPITRE XXXVII.

POVR receuoir le proffit de ces eaux, le bon
regime est autant necessaire qu'en tous autres remedes. Mais comme elles sont vtiles à
diuerses maladies, & personnes de diuers âges,
sexes, & temperamens, on ne sçauroit exactement, & particulierement prescrire façon de
viure pour tous ; mais generalement on y peut
obseruer ces preceptes : Premierement, on doit
éuiter le séiour au Soleil, & au vent, la grande
chaleur, & le grand froid, les pluyes, & broüil-
lards, & le serein : principalement ceux qui
sont delicats, & foibles de leur cerueau. Faut
vser de viandes de bon suc, faciles à cuire, &
digerer, plustost rosties que boüillies ; & éuiter
toutes viandes grossieres, & visqueuses de difficile digestion, & qui engendrent cruditez : &
pour le boire ordinaire, de vin blanc bien clair à
ceux qui ont opilations, ou nephritiques, mais
clairet, ou plus couuert à ceux qui ont leurs
maux au ventricule, ou intestins. Il suffit de dis-
ner & souper sans faire colation entre deux, afin

que la digeſtion ſoit parfaitement faite: ou ſi là
neceſſité de l'appetit,ou de quelque compaignie
contraint,de manger vn biſcuit pour boire vne
fois ſeulement : Mais il eſt à propos de ne diſner
que trois ou quatre heures apres auoir acheué
ſa boiſſon, pluſtoſt à ceux qui les ont bien renduës,& plus tard aux autres:& parce que le ventricule, & les inteſtins ſont fameliques , ayans
eſté lauez par ces eaux , pour les fortifier, & remettre en bon eſtat, il eſt neceſſaire de commencer, ou deuaucer vn peu le diſner, par quelque bon boüillon, ou conſommé. Le ſouper ſera fait auec ſobrieté ſur les ſix heures du ſoir :
Apres auoir beu, on fera exercice à la pourmenade ſans violenter le corps, iuſques à chaleur ,
de peur de diuertir la deſcharge ordinaire de ces
eaux,& moins encore iuſques à la ſueur,laquel-
le non ſeulement diuertiroit leur cours , mais
pourroit engager en l'habitude quelques groſſieres humeurs, les plus ſubtiles s'eſtans éuaporées. Mais la digeſtion du diſner eſtant faite , &
celle du ſouper, toute la nuict on ſe peut exer-
cer auec plus de liberté, tant ſur les trois & quatre heures du ſoir auant ſouper, que ſur les cinq
heures du matin auant que commencer à boire.
Tous autres exercices de corps violens , & ceux
meſme de l'eſprit, ſont touſiours preiudiciables.
Le ſommeil eſt touſiours naturel & bon, durant

la nuict, mais tout le long du iour fort dangereux, à caufe de la refuitte, tant de la chaleur naturelle, que du fang, lefquels meflez auec ces
eaux non renduës, les montent au cerueau,
auquel elles caufent diuers accidens fafcheux.

Affin que les voyes foient libres à ces eaux, le
ventre fur tout doit eftre deftrempé, ou pour le
moins de celle facilité, que fans peine il foit defchargé les matins au plus tard, auant la boiffon ;
autrement les lauemens felon les indifpofitions
deuant le fouper ou quatre heures apres, font
neceffaires : & femblablement tous autres excremens feront defchargez, foit par les vrines,
foit par la bouche, & les nafeaux : affin de rendre les corps entierement perfpirables, & libres
à ce remede.

Entre les fix chofes non-naturelles, qui font
du regime, la tranquillité des paffions de l'ame
eft la plus requife pour l'exercice, & le maintien
des fonctions du corps, pendant l'vfage de tous
remedes, & principalement de ces eaux. C'eft
pourquoy toutes affaires d'importance, & les
ieux, qui trauaillent le corps & l'efprit auec paf-
fion démefurée, font preiudiciables. La crainte, & la trifteffe par la refuite fuffoquent les efprits, & laiffent les membres foibles : la colere,
& l'amour par la continuelle agitation les diffi-
pent, & troublent la raifon : la feule joye, &

allegreſſe mediocres, recreans les eſprits, entre-
tiennent le corps en liberté, & force pour l'exercice de ſes fonctions.

---

## QVE LA PVRGATION EST
### neceſſaire apres l'vſage de
### ces eaux.

## CHAPITRE XXXVIII.

TOut ainſi que deuant que commencer à
boire des eaux minerales, il eſt ſouuent neceſſaire de preparer les corps, tant par medica-
ments inciſifs & aperitifs, que par purgatifs : afin
de leur faire chemin, & les boire auec proffit,
principalement ſi les viſceres ſont opiles ; il eſt
abſolument neceſſaire les quittant, vſer de mê-
mes purgatifs, leſquels ſpecialement dirigent
leurs actions à l'expedition des parties, par leſquelles plus particulierement elles ont eu leur
cours. Et ne ſuffit pas de deſcharger ſimple-
ment les ſeroſitez aqueuſes par hydragoges : car
comme elles contiennent en ſoy beaucoup de
matieres craſſes, & terreſtres, leſquels paſſans à
trauers les viſceres, s'y attachent, & les diſpoſent mal ; il faut neceſſairement deſcharger ces
matieres deſdits viſceres les plus foibles par pur-

gations à ce propres & conuenables. Et ceux-là
se trompent, lesquels ayans à perfection (si leur
semble) rendu par deuant & par derriere les
eaux qu'ils ont beuës, negligent ces purgations :
dautant que nous voyons par experience, que
si semblables personnes les quittans se purgent
par leurs purgatifs ordinaires, ils sont deschargez
de quantité d'aquositez, & éuacuez sans agitation au double de leur ordinaire.

## QVE LES EAVX DE VICHY
### ne cedent rien aux autres de toute
### la France.

## CHAPITRE XXXIX.

LE premier effect des eaux minerales, & duquel tous leurs bien-faicts dépendent, ne
consiste pas en la qualité des mineraux, comme
a souuent esté dit, mais bien en leur facilité à
descendre, & passer promptement par le ventre, & estre tirées, & renduës par les vrines ; en
quoy celles de Vichy sont excellentes ; aussi
déja ne demande-on plus de quels mineraux
participent ces eaux, ains seulement, si elles passent, & se rendent facilement par nos corps. Et
par effect, l'experience nous fait voir tous les
iours

iours que ceux qui ont bou des eaux minerales
en diuers lieux de la France, les années precedentes, estans venus boire de celles de Vichy,
les ont experimentées; I'oseray dire plus faciles à passer, mais le lieu plus commode, & aggreable de tous ceux qu'ils ont frequentez, &
s'en sont retirez fort satisfaits, & resolus de ne
plus recourir à autres eaux: Aussi la commodité
tant du lieu,& le doux naturel des habitans,que
la diuersité des sources, concourans auec la legereté de ces eaux à passer par nos corps, sont
trop plus suffisans à iustifier de leur vtilité, &
leur donner des preferences à toutes les autres.

---

## POVRQVOY GALIEN NE S'EST *seruy des eaux minerales.*

## CHAPITRE XL.

IE souhaitterois, si c'estoit la volonté, & pour
l'honneur & gloire de Dieu, que Galien ne
fust tourmenté où il est, tandis que ie le veux
dire Prince, & principe de toute la Medecine,
a tel tiltre que par ses seuls escrits elle subsiste,
& a esté facilitée à vn chacun,& sans iceux fust
demeurée comme incogneuë, & enseuelie
dans la confusion; aussi ne s'estoit-il attaché à

K

la demeure de ſon païs, ains libre de biens de
fortune, & cupide de ceux de l'eſprit, il auoit
recerché dans les terres eſtrangeres la ſcience,
& la cognoiſſance des remedes particuliers;
par ſa parfaite intelligence de la compoſition
du corps humain il diſcernoit infailliblemẽt la
leſion, & deſordre, que les maladies cauſent à
leurs fonctions, & finalement par la ſubtilité
de ſon entendement, aydé de ſes ſens exterieurs, & d'vne aſſeurée experience, il appli-
quoit les remedes au degré de contrarieté re-
quis à la curation de toutes maladies : & ainſi
fondé en raiſon, affermie de ſa grande experience, par remedes faciles, familiers, & moins
alterans, promptement, aſſeurément, & alle-
grement il deliuroit les corps de leurs maladies,
ſi d'elles meſmes par remedes naturels elles
eſtoient ſuſceptibles de curation:ſans auoir recours au long, fortuit, & ennuyeux vſage de
ces eaux minerales, deſquelles ordinairement
(auſſi hors de raiſon employées, que pluſieurs
autres precedens remedes) les pauures malades
reuiennent mal ſatisfaits, ou le plus ſouuent,
diſpoſez à la mort pour le lendemain.

---

## DE QVEL REMEDE ON SE PEVT
### *seruir au lieu des eaux minerales.*

## CHAPITRE XLI.

CEvx, lesquels consideteront attentiue-
ment les maladies, qui reçoiuent quelque
bon changement par l'vsage de ces eaux minerales, remarqueront veritablement qu'elles sont
toutes causées de matieres froides, & grossieres,
desquelles par la foiblesse de leurs expulsiues,
les parties demeurans empeschées, & opilées,
elles cessent de faire deuëment leurs fonctions,
oubien les font si mal, que le corps est accab-
blé de mille & mille infirmitez; en quoy est à
remarquer, que pour paruenir à la parfaite curation, non seulement il faut destacher & vuider les matieres grossieres, & froides; mais encore il faut remettre le bon & naturel temperament des parties affoiblies, affin qu'elles exercent plus fortement leur expultrice, & ne reci-
diuent à leurs maux; & c'est en cecy principalement que les eaux minerales défaillent: car
tant s'en faut qu'elles fortifient les facultez naturelles, qu'au contraire elles les trauaillent, &

K ij

affoibliſſent,& ſouuent meſme ne deſpeſchent
les parties, de façon que ceux qui ont com-
mencé vne année l'vſage d'icelles, ſont contraints tous les ans y retourner, autrement leurs
maux reuiennent pires.

Or le theriaque tres-aſſeurément & infailliblement ne manque plus à remettre ce temperament des parties, & les fortifier en l'exercice de leurs fonctions, qu'à inciſer, artenuer,
reſoudre, ou conſommer toutes ces matieres
groſſieres, & qui plus eſt, par telle corrobora-
tion deſdites facultez il opere tant de merueil-
les en la contrarieté de ſes effects, que ſi autre
que Galien, & l'experience ne le certifioient,
la pluſpart ſeroit tenu pour impoſſible.

Mais parce que pluſieurs ont en haine & hor-
reur ce fameux antidote, deſpuis tant de ſiecles
approuué, & iadis par certains Empereurs Ro-
mains (aſſiſtez d'excellens Medecins) iournellement vſité, il eſt malaiſé contre leur opinion
erronée, les faire entrer en l'experience. Et partant me ſuffira pour le preſent l'authorité de Galien au liure qu'il a eſcrit du Theriaque à Piſon,
chapitre quinzieſme, où il rapporte ſes proprietez en ces termes.

## LES VERTVS DV THERIAQVE
### selon Galien.

## CHAPITRE XLII.

ANDROMACHE appelloit le Theriaque
Galene, c'est à dire, tranquille, dautant
qu'il conserue le corps en tranquilité de santé.

Il guarit les douleurs de teste inueterées, les
vertiges, les surditez, & les debilitez de veuë.

*Interdum genitale membrum flaccescens, at-
que vietum attollit.*

Il appaise les delires des furieux, sede les
troubles d'esprit, & dissipe les pensées fascheu-
ses, excitant le sommeil.

Il resiste fortement aux attaques de l'epi-
lepsie, consommant l'humidité superfluë, &
fermant l'entrée aux vents.

Il ayde aux difficultez de respiration, quand
le phlegme crasse en est la cause, car il le seiche
& facilite le crachat, attenuant sa grosseße, &
incisant sa viscosité.

Il proffite grandement aux hæmoptoiques,
beu auec la decoction de symphyton.

Il guarit toutes les affections du ventricule,
& remet l'appetit.

Il diſſipe entierement l'humeur acre & mor-
dicant, lequel attaché à l'eſtomach, cauſe la
faim canine.

Il deliure auſſi de la faim inſatiable que les
vers excitent, retenus aux inteſtins, car il
les tuë.

Il iette dehors merueilleuſement le ver large,qui deuore tout l'aliment,& affame le corps.

Il deliure le foye, & la rate de leurs obſtructions, les ouurant.

Il guarit la iauniſſe par vice du foye,car il trie
la bile d'auec le ſang, & la renuoye à ſa veſcie,
& inteſtins.

Il ramollit la rate endurcie, conſommant
peu à peu ſes ſuperfluitez.

Il rompt la pierre dans les reins,& les nettoye
de toutes matieres groſſieres,& terreſtres.

Il facilite la difficulté d'vrine, & guarit les
vlceres de la veſcie.

Il fortifie la concoctrice du ventricule, le réchauffant, & roborant.

Il ayde aux exulcerations des inteſtins, flux
de ventre, *miſerere mei*, coliques ſans inflam-
mation, conſommant les humeurs acres,& diſ-
ſipant les vents.

Il ſuruient aux paſſions choleriques, incraſ-
ſant les humeurs, & les arreſtant.

Il eſt merueilleux aux cardialgies, arreſtant

les sueurs diaphoretiques, & corroborant la faculté debile.

Il prouoque les menstruës, & hæmorrhoides retenus, & qui est plus merueilleux, les areste s'ils sont immoderez : Car sa vertu est si merueilleuse, qu'attenuant les humeurs il les fait fluer, & roborant la retentrice, areste leur cours immoderé.

Il guarit les douleurs & fluxions articulaires, qui sont en leur estat, apres auoir mitigé les douleurs par topiques, car il consomme ce qui a flué, & diuertit la fluxion.

Sur tout, il proffite extrémement aux personnes saines, qui en vsent souuent : car il consomme toutes superfluitez, & remet le temperament de tout le corps: Car tous les anodins, que tous les goutteux boiuent, peuuent diuertir; mais ne consommans les humeurs superfluës, elles vont souuent à la poictrine, attirées du poulmon par son mouuement, & rare substance, & suffoquent les malades, comme ie l'ay experimenté en plusieurs. C'est pourquoy ie supplie tous malades de ne iamais vser de ces remedes, ains du Theriaque, lequel consomme les superfluës humeurs, & empesche d'en amasser d'autres : de façon que plusieurs se sont liberez entierement de la goutte, s'en estans seruis dés les premieres attaques.

Il est merueilleux aux hydropiques, consommant les humeurs, & r'allumant leur chaleur naturelle, principalement aux anasarques, s'insinuant par tout le corps, & exprimant les mauuaises humeurs : C'est pourquoy il est souuerain à la cachexie, car il change en mieux la mauuaise habitude, éuapore les humeurs superfluës, & rend nature prompte à ses actions.

Souuent il a guary des elephantiques, arrestant la fluxion, & empeschant qu'elle ne corrompe le sang : car l'humeur corrompu en quantité, & porté parmy l'habitude, vitie, & perd le temperament de tout le corps.

Il guarit les retiremens & extensions des nerfs, les réchauffant, & rélachant.

Les paralysies, excitant la chaleur naturelle, faisant chemin aux esprits, & par ainsi restituant leur mouuement aux parties.

Mais que chacun croye ce qu'il luy plaira de tout cecy, car c'est chose bien plus merueilleuse.

Le Theriaque guarit les passions de l'ame, comme quand la grande fascherie procede de melancholie, il succe l'atre bile de la rate, & de tout le corps, ainsi qu'il succe les venins des morsures des serpens.

Il guarit les fiévres quartes (s'il y a concoction à l'humeur :) car faisant vomir au malade son soupper, & luy faisant boire le lendemain du suc d'Absynthe

d'Abſynthe Romain , pour contemperer &
adoucir l'atre bile : finalement, deux heures deu-
uant l'accez i'ay baillé de cét antidote , & ainſi
auec admiration de tous , i'en ſuis venu à bout
celuy qui auoit pris du Theriaque demeurant
exempt de fiévre.

Voila mot à mot, ce que Galien dit du Theriaque en ce Chapitre , outre pluſieurs autres
belles vertus , qu'il luy attribuë parmy tous ſes
eſcrits. Et ce que ce grand Andromache , en
ſon Poëme le tient nonpareil contre grand
nombre de maladies , & ſingulier contre tous
venins, tant des vegetaux que ſenſitifs.

# DESCRIPTION DES BAINS
## de Vichy.

## CHAPITRE XLIII.

A La portée d'vne mouſquetade de la ville
de Vichy, tirant au Septentrion, païs plain,
ſablonneux, ſec, & deſcouuert , y a deux belles, & abondantes ſources d'eaux chaudes , de
diſtance l'vne de l'autre de quarante pas ; &
quoy qu'elles viennent d'vn meſme lieu ſou-
ſterrein , l'vne neantmoins de temps immemo-
rial du coſté du leuant, a eſté contenuë dans vn

L

puits rond , éleué ſur terre de l'hauteur d'vn
pied, large de quatre pieds dans œuure, ayant
vne pierre plate large , & perſée aſſez eſtroite-
ment par le fonds, quatre pieds de profond , &
rend ſon eau de la groſſeur du bras. L'autre, de
tout temps, comme vn petit lac de vingt ou
trente pieds de diametre, boüillonnant en diuers lieux, notamment à fleur de terre , du coſté du baſtiment Royal, partie Occidentale,
profond à l'endroit de ſon plus grand boüillon
de plus de cinquante pieds, obliquement ſoubs
ledit baſtiment,iette ſon eau de la groſſeur d'v-
ne cuiſſe. Entre ces deux fontaines, le Roy a
fait conſtruire vn petit logis, tourné au Midy,
contenant deux chambres quarrées de plain
pied, pour la commodité des malades, entre
leſquelles ſont deux galeries d'vne toiſe de largeur, auec portes par le milieu d'icelles, tant
pour aller de l'vne à l'autre, que pour entrer
auſdites chambres ; & deſpuis leſdites portes,
iuſques au bout deſdites galeries, du coſté de
Bize, ſont deux baignoirs quarrez, profonds de
quatre pieds,ayans huict degrez pour y deſcen-
dre, au milieu,& dans leſquels baignoirs,d'hauteur de quatre pieds & demy , l'eau coule des
fontaines, portée par canaux, conduits par deſſous le paué deſdites chambres, qui ſe vuide au
beſoin par autres ouuertures, ( qui ſont au

fonds ) dans vn autre bain defcouuert, qui eſt
derriere le logis, pour la commodité des pauures ; d'où finalement par vn autre canal elles
ſont defchargées contre la riuiere d'Alier. Au
coſté du bain des pauures eſt vn autre bain auſſi
defcouuert, lequel par vn canal particulier reçoit l'eau immediatement du puits, & ſe def-
charge comme le precedent. Il y a auſſi cinq
ou ſix maiſons particulieres autour de ces bains,
dans leſquelles les habitans du lieu ont touſiours tenu des cuuettes, tentes, & autres choſes neceſſaires pour baigner, & cornetter les
malades. Mais s'il auoit plû à Dieu de nous donner la paix, les places circonuoiſines de ces
bains ſont déja entrepriſes pour y conſtruire
des beaux baſtimens plus propres, & parfaitement diſpoſez à receuoir, bien traicter, & ſoi-
gneuſement baigner les malades.

Outre ces bains, qui ſont d'vne chaleur bonne & ſuffiſante pour les maladies ordinaires,
ſur la douë du foſſé de Vichy, du coſté du
Nord, ſe voit vne fontaine de quatre pieds en
quarré, & profond, laquelle bien que d'vne
chaleur plus temperée, ne cede rien en vertu
aux autres plus chaudes, & ſera, ie m'aſſeure,
plus proffitablement employée aux perſonnes
foibles & delicates, & ſpecialement aux fem-
mes, qui ont eſté mal meſnagées en leurs cou-

ches, lors que le Roy ou Messieurs de Vichy y
auront basty pour la commodité des malades.
Cependant neantmoins c'est la plus vtile, &
vsitée des fontaines du lieu pour les beuueurs.

---

## A QVELLES MALADIES
### ces Bains sont bons, ou
### contraires.

## CHAPITRE XLIV.

IL n'y a personne qui considerant ces Bains,
ne iuge d'abord, que leur effect premier est
d'eschauffer, & seicher, & sequemment, que
les maladies causées par le froid, & l'humide,
sont dissipées par iceux ; comme sont douleurs
sciatiques, paralysies, palpitations de cœur :
les parties foibles en leur chaleur naturelle ro-
borées, comme sont membres meurtris de
blesseures, rompeures, & dislocations ; & le
ventricule debile en sa concoction, aydé ; les
vlceres interieurs desseichez, & le cuir superfi-
ciellement detergé. Mais aussi il les cognoistra
contraires aux maladies causées par l'intemperie chaude, & seiche du cerueau, du foye, &
de tous autres visceres, preiudiciables au cerueau naturellement debile, & entierement

contraires aux ſcirrhes, & durettes, tant inte-
rieures, qu'exterieures.

---

## QV'IL FAVT ESTRE
*vniuerſellement purgé premier que*
*de ſe baigner.*

### CHAPITRE XLV.

CES Bains deſſeichent par deux moyens:
ſçauoir par leur qualité minerale conſommant les humiditez ſuperfluës, & par leur chaleur actuelle les rarefiant, & ouurant l'habitude pour les exhaler par le cuir : De maniere
que les attirant du centre à la circonference, ſi
premierement la plethore, & cacochymie ne
ſont deſchargées par les remedes generaux,
conuenables aux maladies qu'elles fomentent,
ſans doute ces bains diſſipans les ſeroſitez pourroient infiltrer & engager les plus groſſieres humeurs dans les parties ja empeſchées, & rendre
leurs maladies pires. Oubien agitans les humeurs, & reſchauffans les parties foibles, ils at-
tireroient nouuelles fluxions ſur icelles, & leur
cauſeroient quelques noüueaux accidens.

L iij

## DE L'HEVRE, TEMPS, METHODE,
### & combien de fois on se doit baigner.

## CHAPITRE XLVI.

LE s malades ayans esté deuëment purgez, & preparez par l'aduis de leurs Medecins, peuuent entrer dans le bain la matinée, despuis l'aurore, iusques à sept heures du matin, si le temps est beau, clair, & serein : Car le temps froid & pluuieux n'est propre à se baigner. Et affin qu'ils s'en seruent plus facilement,& vtilement, ils ne doiüent entrer dans le plus chaud le premier iour, mais s'y habituer par l'entrée du plus temperé, augmentant tous les iours la chaleur, selon qu'ils la pourront supporter,iusques à sa totale & naturelle chaleur ; ils ne demeureront aussi plus de demie heure ou trois quarts dans le bain les premiers iours : mais le troisiesme iour,& suiuans , y patienteront vne heure, voire y entreront pour le mesme temps sur les quatre heures du soir, s'ils ont le courage, & que leurs forces permettent l'abstinence iusques apres ce temps-là. Car il n'est à propos de se baigner auant que la digestion , & distri-

bution ſoient faites en la premiere concoction,
& partant ainſi que le matin, auant deſieuner,
on ſe doit baigner, auſſi le ſoir on ne le doit faire que cinq heures apres le diſner. De façon
que les malades ſe contenteront du diſner &
ſouper, & ſans neceſſité n'interrompront cét
ordre par aucune colation, s'ils ſe baignent deux
fois le iour. Et dautant que le long vſage d'i-
ceux diſſipe les forces aux vns, & reſchauffe les
viſceres aux autres, ie conſeillerois volontiers
aux malades de ſe contenter de ſept, huict, ou
neuf bains au plus, faits bien à propos, les aſſeu-
rant que ſi apres ce, ils ne ſont mieux, difficilement peuuent-ils eſperer du contentement
par vn plus long vſage. Toutefois en cela ie
trouue bon qu'ils prennent & ſuiuent le conſeil
de leurs Medecins amis.

## QV'IL N'EST BON DE BOIRE
### *des eaux durant l'vſage des Bains,*
### *ny à l'entrée d'iceux.*

## CHAPITRE XLVII.

L E s intentions de ceux qui ſe baignent dans
les Bains naturels ſont de fortifier leurs
membres debiles, éuaporer par ſueurs les hu-

meurs qui empefchent leurs actions, & refchauffer les parties nerueufes refroidies. Car
pour les vifceres, comme font le cœur, foye,
reins, rate, & autres; les Bains naturels font fi
contraires, que les Medecins font contraints
leur appliquer des topiques rafraifchiffans, durant l'vfage, pour la conferuation de ces parties.
Et partant il y a grande apparence que boire
de ces eaux chaudes minerales à l'entrée des
Bains, ou de celles des autres fontaines durant
l'vfage d'iceux, eft beaucoup preiudiciable, tant
à caufe de la chaleur qu'elles peuuent exciter
aufdits vifceres, que principalement parce
qu'elles troublent les facultez naturelles. Car
comme ces eaux par lefdites fonctions bien dif-
pofées, font naturellement defchargées par
les vrines, & par le ventre, qui font mouue-
mens de la circonference au centre; par les
Bains elles font attirées à l'habitude, qui eft vn
mouuement contraire du centre à la circonference, & qui eft plus fafcheux, attirées de la
forte elles conduifent quant & foy les humeurs
craffes, & groffieres phlegmatiques, iufques aux
extremitez des vaiffeaux, lefquelles neantmoins
à caufe de leur groffiere fubftance, ne peuuent
eftre fuffifamment attenuées pour trauerfer
plus auant, & s'éuaporer, fi bien qu'elles ré-
ftent engagées dans les parties, & plus difficiles à

les à defranger que deuant. Ie ne reproutte toutefois cefte practique aux paralyfies, qui procedent de colique, dautant que l'humeur vitrée
lequel par fon froid exceffif a caufé telles coliques, & paralyfies, a fi bien refroidy les inteftins, que les parties nerueufes & mufculeufes,
lefquels partant ont autant befoin de cefte fo-
mentation interieure, que ces autres de l'ex-
terieure.

---

## COMMENT IL SE FAVT
### comporter dans le Bain.

## CHAPITRE XLVIII.

IL fe rencontre fouuent que ceux qui ont befoin de fe baigner, ont le foye naturellement
chaud, & confequemment les reins, à caufe du
fang contenu en la veine caue, & emulgentes,
& ceux-là peuuent defendre ces parties, par
l'application des cerats fantalin, refrigerant de
Galien, ou onguent rofat, à l'entrée du bain.
Et affin qu'ils ne trauaillent certaines parties
plus que les autres, & qu'ils foient mieux en re-
pos, ils fe peuuent affeoir fur l'vne des marches
du bain, ou autre fiege propre, mettans quelques draps en plufieurs doubles fous leurs fef-

M

ſes, en ſorte que l'eau ſoit iuſques au menton,
& la nuque, principalement les paralytiques,
leſquels ayans leur mal au principe de la
mouelle de l'eſpine du dos, aux derniers bains,
doiuent s'expoſer au canal pour receuoir contre les plus hautes vertebres du col, l'eau venant de ſa ſource. Il n'eſt à propos de prendre
aucun aliment dans le bain, non plus que deuant, ſi la foibleſſe des malades ne contraint,
auquel cas, deux heures auant le bain, ils peuuent librement receuoir vn œuf frais mollet,
ou vn tiers d'eſcuellée de bon conſommé, ou
boüillon, & eſtans dans le bain, mettre en la
bouche quelques confitures, comme eſcorce
de citron, canelat, orengeat, & ſemblables,
ou s'ils ont de l'alteration, vn peu de gorge
d'ange pour ſe rafraiſchir. A la ſortie du bain,
ſeront enueloppez dans vn linceul bien ſec
pour les ſeicher, & receuoir leur ſueur, puis
ſe remettans au lict, ſueront vne heure, ou en-
uiron ſelon la neceſſité, & comme leur mal le
requierra, ſans grande contrainte; puis ſe feront doucement eſſuyer auec linges blancs,
vſez, bien ſecs & ſans chaleur; commençant
aux parties ſaines, & finiſſant aux parties affligées de mal. Finalement changeans de place,
ils prendront plus de liberté à ſe mouuoir, &
moins de couuertures, affin de remettre leur

chaleur en ſa naturelle temperature. Ce faict,
ils receuront quelque bon boüillon, ou conſommé, & ſe gardans de l'air froid, reprendront
leurs petits exercices ordinaires, attendans
l'heure du diſner. Mais comme les ſeroſitez
diuerties, attirées à l'habitude, & éuaporées
par les ſueurs, le ventre ordinairement reſte
ſec, & conſtipé. Les malades en ce cas doiuent
eſtre ſoigneux de ſe faire donner des lauemens
bien remollitifs les ſoirs auant que ſouper.

---

## DE LA DOVSCHE.

## CHAPITRE XLIX.

LA Douſche n'eſt autre choſe qu'vne em-
brocation faite de l'eau du bain ſur vn
membre particulier, laquelle ſe fait pour penetrer dauantage dans la partie, & la reſchauffer, & ſeicher plus fortement. C'eſt pourquoy
il eſt neceſſaire que l'eau ſoit verſée également
d'en haut, & qu'elle ſoit plus chaude, que
pour le bain vniuerſel. En quoy ie n'approuue
la façon de la donner auec vne tine perſée au
deſſous. Car le branſlement de ladite tine, l'iné-
galité de la cheute de ſon eau, & la chaleur d'i-
celle ja diſſipée dans l'eſtenduë du bain, auquel

M ij

on la puiſe, la rendent moins propre, & vtile
pour les ſuſdits effects. Mais i'eſtime, que vui-
dant le bain à demy, on peut fort facilement,
& mieux à propos receuoir ladite Douſche ſur
les membres affligez, de l'eau qui tombe du
gutturnium de ſon canal, qui la porte dans ledit bain : auquel auſſi appliquant vn canal de
deux pieds de long, on pourra prendre vne partie de l'eau pour en meſme temps la porter ſur
autre partie du corps qui en aura beſoin: & ainſi
on peut receuoir la Douſche ſur deux, & pluſieurs membres en vn meſme temps auec éga-
lité, & plus forte chaleur. Or ceſte façon de
bain particulier a beaucoup plus de force à penetrer les parties nerueuſes, fait des meilleurs
effects, & eſt plus facile à ſupporter aux malades, qui ont ſeulement certains membres foibles ou maleficiez, que le bain vniuerſel.

---

## DE L'APPLICATION DES
*boües.*

### CHAPITRE L.

LA bouë des bains a meſmes effects que
leurs eaux, & partant propre à toutes les
parties, qui ont beſoin de chaleur, & ſeiche-

reſſe ; elle differe neantmoins en ce que l'eau,
à cauſe de ſa tenuité, ne ſe peut appliquer, &
retenir ſi commodément ſur les parties meſme
dans le lict. Car comme ſes parties ſont plus
groſſieres, & craſſes, elle y eſt plus facilement
retenuë. Mais auſſi a-elle beſoin de vehicule,
pour luy ayder à penetrer, & inſinuer ſa vertu
plus auant dans les parties, & c'eſt à ce ſubiect,
qu'ordinairement on luy deſtrempe, & meſle
de l'eau de vie, ou autre eſſence neruale, & propre, tant à penetrer, qu'à fortifier le membre, ou
diſſiper la cauſe contenente de ſon mal, &
l'eſtendant, comme cataplaſme, ſur linge fort
vſé, & trempé en meſme liqueur, on l'applique ſur les parties au ſortir du bain, voire en
tout autre temps, & notamment la nuict. Mais
comme la pluſpart, elle eſt miſe ſur parties nerueuſes foibles, & que non ſeulement le chene-
ueu eſt ennemy du principe des nerfs, & ſequemment des nerfs meſmes, mais auſſi toutes
les parties de ſa plante, ſans doute l'application
des bouës faite auec eſtoupes eſt preiudiciable,
& vaut mieux les appliquer auec linges bien
vſez, & vieux, qui ont perdu par les frequentes lexiues la force naturelle de leur principe,
oubien auec laines qui ſont neruales, & fami-
lieres à telles parties affligées.

M iij

## DES CORNETS.

### CHAPITRE LI.

IE ne trouue pas qu'il y aye grande differen-
çe entre l'effect des ventouses, & celuy des
Cornets, quant à l'attraction. Car quoy qu'on
die, i'ay souuent veu tirer plus de sang par certains cornets, bien que le cuir fust legerement
scarifié de la flammette, que par des ventouses,
où le cuir estoit entierement couppé, laquelle
quantité de sang me sembloit venir des parties
autant esloignées, que si elle eust esté tirée par
des ventouses les plus longues. Mais leur difference consiste en la façon d'application, scari-
fication, & diuersité des parties, ausquelles ils
sont appliquez. Car les ventouses font leur attraction de peur du vuide, lors que l'air interieur
rarefié par leur flamme, vient à se refroidir, &
condenser par le froid de l'air exterieur, ladite
flamme estant esteinte, faute de liberté de l'air
pour se nourrir, & exhaler. Mais les Cornets
attirent de peur du vuide, par la force de l'in-
spiration de celuy qui les applique. Les ventouses sont scarifiées auec la lancette, bistourie,
scalpelle, ou rasoir, en sorte que le cuir est en-

tierement couppé, & le plus souuent les pan-
nicules adipeux, & charneux : Aux cornets la
flammette ne couppe que la moitié du cuir, ou
bien peu plus. Les ventouses sont appliquées
aux parties charnuës seulement ; & les cornets
en toutes les parties du corps, mesme aux plus
exangues, & seiches. Quoy qu'il soit, les cornets sont vtiles à l'éuacuation de toutes matieres chaudes, & sang grossier contenus sous le
cuir, & dans iceluy, mesme des matieres froides
& flatuositez, qui empeschent l'ouye, si apres
les remedes generaux, rangeant l'aureille ex-
terieure dans le cornet, on les applique diuerses fois au meat de cét organe.

## LAVS DEO

Taceat qui tacuit, vel

*Escris du subiect enuieux,*
*Sans t'amuser à me reprendre :*
*Je me taiseray pour apprendre*
*Si tes raisons l'expliquent mieux.*